全書手繪彩色圖解

法醫刀看得到的人體奧祕

？

上野正彥

醫學博士・前東京都監察醫務院院長
A guide to wonderful of the body

最初只是一顆受精卵

　　成人的身體大約由六十兆個細胞組成。人體一開始只是一顆受精卵，一再地進行細胞分裂，並且聚集在一起變化成各種形狀，形成具有特定功能的器官或內臟。

　　受精卵形成之後，不到四十週的時間，細胞數量就會分裂到二兆個，長出小嬰兒所需的形體和功能。

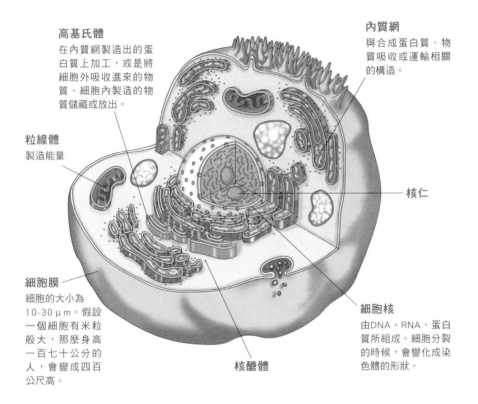

高基氏體
在內質網製造出的蛋白質上加工，或是將細胞外吸收進來的物質、細胞內製造的物質儲藏或放出。

內質網
與合成蛋白質、物質吸收或運輸相關的構造。

粒線體
製造能量

核仁

細胞膜
細胞的大小為10-30μm。假設一個細胞有米粒般大，那麼身高一百七十公分的人，會變成四百公尺高。

細胞核
由DNA、RNA、蛋白質所組成。細胞分裂的時候，會變化成染色體的形狀。

核醣體

　　細胞具有分裂、增殖的再生能力，因此毛髮會長長，外傷也能痊癒。此外，我們感到口渴，即是身體裡的細胞水分不足，向腦部發出「快點喝水」的訊息。當水分進入體內，便會被小腸或大腸吸收，不久到達細胞，解除乾渴。雖然喝水好像是個人意志，其實是為了回應細胞的要求而做的動作。

　　但是，已經吃飽的小寶寶若是被眼前的飲料誘惑，又喝下紅色果汁、白色牛奶、黃色果汁，就會引起嘔吐或腹瀉，而讓身體不舒服。

　　所謂的健康，其實也就是與自己體內六十兆個細胞和平相處。

了解人體的名稱，

　　人體的各個部位都有其正式的名稱，有些和我們通用的俗稱相同，像是「胸部」、「腹部」等，但大多數都是人們有些陌生的名詞，像是「頸部」、「腋窩部」（腋下）、「腳踝」等。

　　然而，先熟悉這些正式名稱，對血管、骨骼等的名字便能好懂易記，解剖學也會變得趣味盎然了。此外，生病的時候，需要向醫生解釋自己的症狀，或聽取醫生說明時，也能更具體傳達自己的意思。

　　人的身體大致可分為四部分：頭部、頸部、四肢，以及上述部分之外的中間部分——軀幹。

　　而頭部又分為頭和臉，四肢分為上肢和下肢，軀幹分為胸部、腹部、背部和會陰。

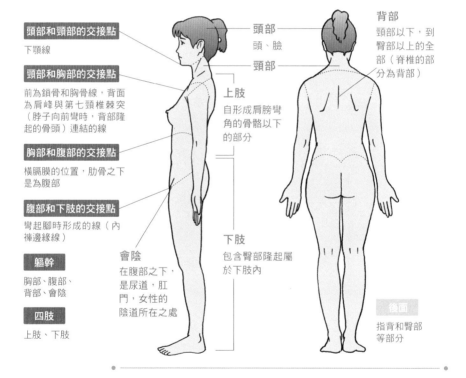

頭部和頸部的交接點

下顎線

頸部和胸部的交接點

前為鎖骨和胸骨線，背面為肩峰與第七頸椎棘突（脖子向前彎時，背部隆起的骨頭）連結的線

胸部和腹部的交接點

橫膈膜的位置，肋骨之下是為腹部

腹部和下肢的交接點

彎起腳時形成的線（內褲邊緣線）

軀幹

胸部、腹部、背部、會陰

四肢

上肢、下肢

頭部
頭、臉

頸部

上肢
自形成肩膀彎角的骨骼以下的部分

下肢
包含臀部隆起屬於下肢內

會陰
在腹部之下，是尿道，肛門，女性的陰道所在之處

背部
頸部以下，到臀部以上的全部（脊椎的部分為背部）

後面
指背和臀部等部分

髮際線後退的話，頭和臉的交接點也會改變嗎？

　　或許有不少人以為，頭和臉的分界是髮際線，所以當髮際線開始後退，頭和臉的交接點也會跟著改變。

　　頭部指的是包含耳、額和後頭部。交接點是自眼睛周圍的骨骼邊緣到耳前線，與髮際線並無相干。

解剖學充滿趣味！

人體的縱橫切面該怎麼說？ ● ● ●

　　人體直立時，與地面水平的剖面叫做橫切面（又叫水平面、橫平面）。舉例來說，就像是用電腦斷層掃描（簡稱ＣＴ）拍攝人體環狀剖面照片。相反地，通過身體中心的縱面剖面，叫做正中剖面（又叫正中矢狀切面、縱切面）。稍微偏左或偏右，而不在正中央的切面，則叫矢狀面或垂直面。

　　與矢狀面垂直交叉的面，將身體分為前後的切面叫做額狀面（或冠狀面）。

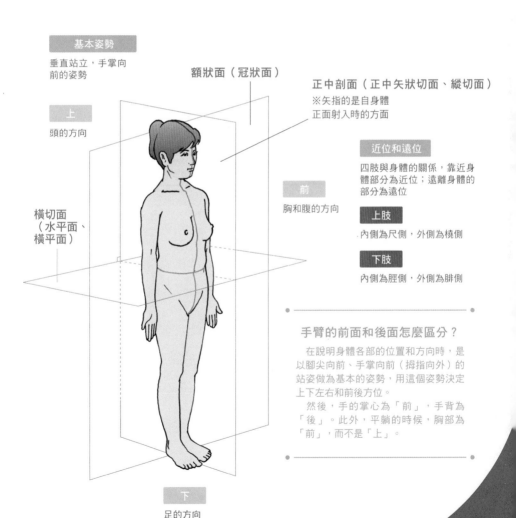

基本姿勢
垂直站立，手掌向
前的姿勢

額狀面（冠狀面）

正中剖面（正中矢狀切面、縱切面）
※矢指的是自身體
正面射入時的方面

上
頭的方向

近位和遠位
四肢與身體的關係，靠近身
體部分為近位；遠離身體的
部分為遠位

前
胸和腹的方向

上肢
內側為尺側，外側為橈側

橫切面
（水平面、
橫平面）

下肢
內側為脛側，外側為腓側

手臂的前面和後面怎麼區分？

　　在說明身體各部的位置和方向時，是
以腳尖向前、手掌向前（拇指向外）的
站姿做為基本的姿勢，用這個姿勢決定
上下左右和前後方位。

　　然後，手的掌心為「前」，手背為
「後」。此外，平躺的時候，胸部為
「前」，而不是「上」。

下
足的方向

人體功能的

　　身體三大重要器官為腦、心臟和肺。而三者中，最重要的器官是什麼呢？沒錯，是腦。

　　腦（位於腦蓋骨中）與脊髓（脊柱管，位於脊骨中）有神經細胞。神經細胞的功能十分重要，像是思考各種事物，聽從意志移動身體等。但是，這種細胞和其他細胞不同，它不能再生。

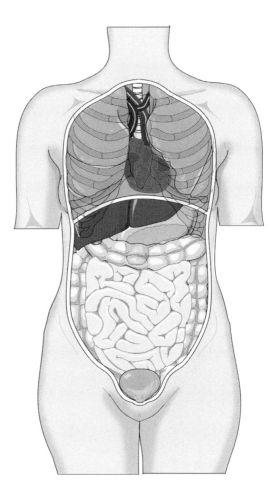

呼吸系統
吸取生存所需的氧、排出體內產生的二氧化碳。主要結構為肺、氣管和支氣管，與其相連的鼻子、喉嚨等部分都包含在內。

消化系統
這個系統包括了消化管（食道、胃、小腸、大腸），也就是將吃下的食物消化、吸收營養素的通道，和釋出消化液、合成分解營養素的胰臟、肝臟和膽囊。

循環系統和血液
讓血液在體內循環的系統，叫做循環系統，循環系統包含心臟、血管、淋巴管。若是將包括微血管的全身血管連成一條線，可達十萬公里。

內分泌系統與生殖系統
荷爾蒙的分泌稱為內分泌。內分泌系統有腦下垂體、甲狀腺、腎上腺、性腺等，散布全身是它的特徵。性腺就是卵巢和睪丸，它們既是內分泌器官也是生殖器官。

個別角色

據研究，人類一出生，體內就有一百四十億個神經細胞，但是當我們頭部外傷，失去意識後，神經細胞就會受到創傷而造成缺損。由於它沒有再生能力、無法填補，只能在缺損狀態下度過餘生。也因此，腦部的四周被堅硬的頭蓋骨包圍、保護，來防止神經細胞的損壞。

其次重要的心臟和肺，由肋骨大略地包圍住。相對於心和肺，腹部的胃、腸、肝臟、腎臟、脾臟、胰臟，都沒有骨骼的保護。人體的構造是十分合理又具功能性的。

骨骼・肌肉系統

全身約有二百塊骨骼，約四百塊肌肉附著其上（骨骼肌），來驅動身體。兩者組成的系統即為骨骼、肌肉系統。如果從身體結構來說，皮膚也可視為骨骼、肌肉的一部分。

神經系統・感覺器官

神經系統算是人體的中樞，神經系統包括控制全身所有功能和思考、感情等人性活動的腦，以及連接腦與全身的末梢神經。此外，感受外在所有訊息的感覺器官，也與神經系統有著密不可分的關係。

為什麼腹部沒有骨頭？

從前腹部的內臟向創造萬物的天神說：「我們都是很重要的器官，請您給我們骨骼保護吧。這樣才叫公平啊。」但是神告訴它們：「如果腹部也有骨骼保護，就會像螃蟹或獨角仙那樣，動作不便。人類就因為沒有骨頭保護，自由行動，未來才能成為地球的統治者，在文明的文化中生活。」如果腹部有了骨骼，也許現在地球之王會是土撥鼠呢。

思考到身體的構造，就不禁讚歎創造之神的偉大。

這是我瞎掰的啦。

腎・泌尿系統

這是將體內形成的老廢物質、多餘水分、電解質等，集成尿液丟棄的系統，包含製造尿的腎臟、暫時儲存尿的膀胱和將尿排出體外的尿道。輸尿管、膀胱和尿道，又叫泌尿器官。

人體裡的

　　人活在世上，不論是移動、吃飯、呼吸、讓血液循環，都需要「動」，而所有的「動作」都需要肌肉來構成。

　　聽從意志做動作的肌肉，如手腳的肌肉或呼吸時會動的橫膈膜，稱之為隨意肌（但大部分都附著在骨骼上，所以又稱骨骼肌）。

　　而胃腸等內臟、血管壁形成的肌肉，以及心臟的肌肉，無法隨著意志控制，稱為不隨意肌。

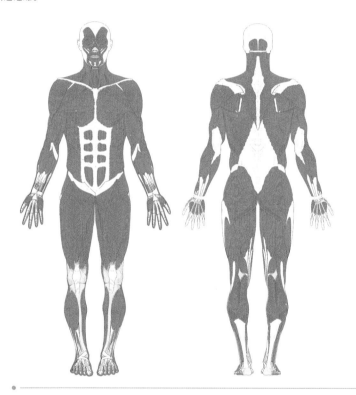

肌肉疲勞

　　活動身體的時候，會把血液中的葡萄糖（糖分）當作原動力，讓肌肉收縮伸展，放出能量。這就是「運動」。

　　肌肉收縮會令細胞中的ＡＴＰ（腺苷三磷酸）分解，轉化成運動能量。此時如果氧供應不足的話，肌肉內就會產生類似廢氣的乳酸。這就是肌肉疲勞。

　　若是想早點消除疲勞，排除因缺氧累積的乳酸，就需深呼吸來補給氧氣。接著補充已消耗的糖分，安靜休息。按摩和洗澡也能加速疲勞的消除。

三種肌肉

顯微鏡下看到的紋路有三種 ● ● ●

　　在顯微鏡下觀察骨骼肌時，會看到橫紋，所以又叫橫紋肌。心肌也有橫紋，但它的紋路與骨骼肌不一樣，所以不算是橫紋肌的一種，從功能上稱之為不隨意肌。

　　內臟的肌肉沒有紋路，從頭到尾都給人平滑的印象，因而以它的外觀命名為平滑肌。

骨骼肌

活動手足等需用到的肌肉。
隔著關節附著在骨骼上，所以叫做骨骼肌。
它可隨意志驅動，所以叫隨意肌。
從顯微鏡中看見橫紋，所以叫做橫紋肌。

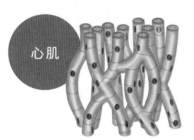

心肌

心臟壁是由肌肉組成，稱為心肌。
它是不能以意志控制的不隨意肌。
在顯微鏡下，它的紋路與骨骼肌不同。

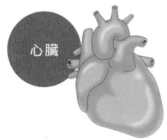

心臟

平滑肌

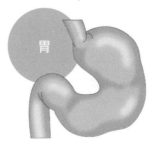

胃

胃腸、血管、輸尿管壁、
子宮等的肌肉。
不能以意志控制的不隨意肌。
在顯微鏡下，沒有紋路
所以叫做平滑肌。

ＤＮＡ是身體的設計圖

　　DNA（去氧核糖核酸）相當於身體的設計圖，是一種所有生物都具備的物質。DNA 由核苷酸連結成長長的鏈狀結構，雙鏈呈螺旋狀交纏，所以又稱雙螺旋結構。

　　身體的設計圖，也就是基因，按著順序排列裝置在鏈中。

人的染色體（男性）

人的染色體有二十二組常染色體和一組性染色體。
性染色體有 X Y 之分。
具有兩個 X 染色體是女性，
具有 X 和 Y 染色體是男性。

DNA 的螺旋結構

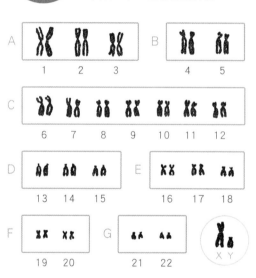

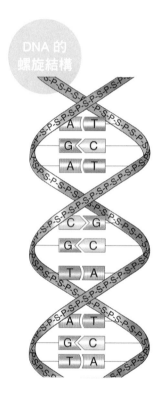

DNA的鏈在細胞分裂時成為染色體　●●●

　　DNA 位於所有細胞的細胞核中，通常都像毛線球一樣纏繞在一起。細胞分裂時它會變成染色體的形狀。

　　染色體中若載有表現身體特徵或疾病的基因時，其中只有一個染色體含有的基因，稱為優性遺傳，兩個染色體都有的稱為劣性遺傳。

　　我們天天用的牙刷上會附著大量的口腔黏膜上皮細胞，所以很適於採取 DNA。

序

　　仔細檢視身體，可看見腦在頭蓋骨中，心臟和肺被肋骨大略包圍住。腹部的胃腸、肝臟、腎臟、脾臟等，則沒有骨骼的保護。由此可知，有骨骼保護的腦，對人體最為重要。

　　細胞有再生能力，毛髮、指甲剪下後會再長，外傷在治療下也能復原。但是，腦脊髓中的神經細胞沒有再生能力，所以一旦遭受外傷、疾病而失去意識時，數千數百個神經細胞會因而破損，無法補充。此外，人到高齡時腦動脈硬化，神經細胞也會破損，進而造成健忘等毛病。

　　其次重要的，是被肋骨包覆的心臟和肺。然而，我們不可因此輕視沒有任何骨骼包覆的胃腸、肝臟、腎臟、脾臟等器官。

　　我自己想像了一個故事。有一天腹部的器官集合起來，向造物主祈求：「我們也很重要，能不能用骨骼保護我們。」但造物主沒答應，祂告訴它們：「如果用骨骼保護，就會像螃蟹一樣行動不便。還是自由行動好一點，不久之後人類就會成為地球的霸主，生活在豐富的文明文化中。」

　　愈是了解身體的構造，愈會為其合理性和精妙而讚歎。這也讓我們更加了解疾病，助我們走向健康。

上野正彥

Contents

第1章

幫助人體活動的系統　～骨骼・肌肉・皮膚～

第 2 章

循環人體的氧氣和血液　～循環器官・血液・呼吸器官～

第 3 章

人體的能量與生命的誕生
～消化器官・泌尿器官・生殖器官～

第 5 章

法醫學角度下的人體大發現

（第 1 章）
幫助人體活動的系統
～ 骨骼・肌肉・皮膚 ～

人類能依著自己的意志自由行動、吃喝。

但光靠身體個別的功能，

並不能完成這些運動，

必須在骨骼和肌肉合作下才能進行。

本章所要介紹的，

就是塑造體形的骨骼、肌肉，

和包覆這兩者的皮膚。

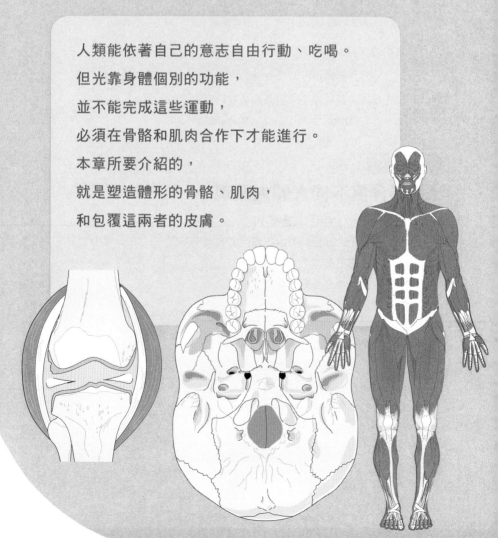

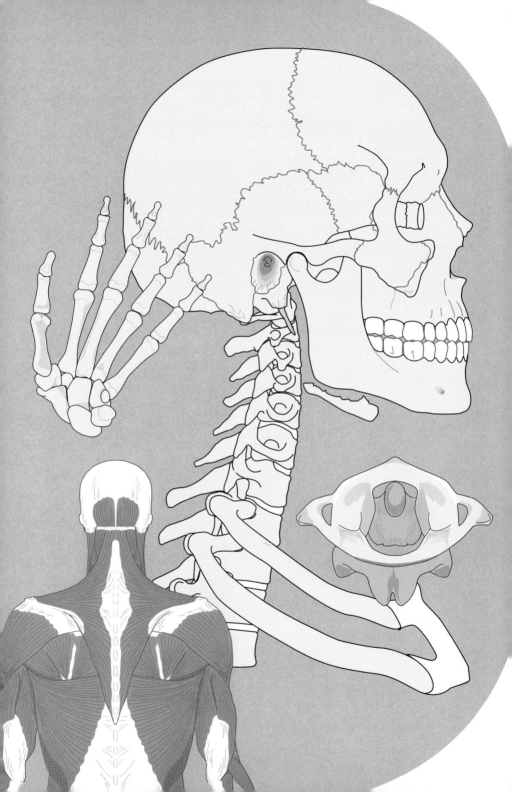

骨骼

二百塊以上的骨骼約有一公斤的鈣

● 骨骼有什麼樣的功能？ ●

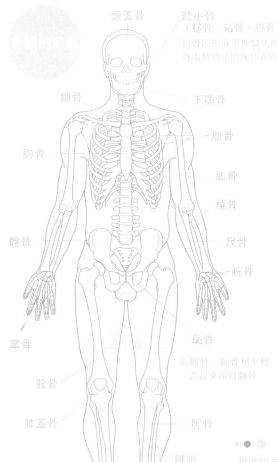

頭蓋骨

聽小骨
（槌骨、砧骨、鐙骨）
鐙骨的形狀很像騎馬時踏腳的馬鐙，另外兩個骨頭則像是吃飯時用的槌和砧子

下顎骨

鎖骨

肋骨

胸骨

肱骨

橈骨

尺骨

髂骨

腕骨

掌骨

恥骨

※髂骨、恥骨和坐骨合起來叫做髖骨

股骨

膝蓋骨

脛骨

腓骨

人體如果沒有骨骼的話，會變成什麼樣子？骨骼是人體的支柱，如果少了它就不能保持形狀，也不能行動。骨骼也是鈣的儲藏庫，鈣是發揮各種功能時必要的元素。

骨骼的主要成分為鈣和膠原蛋白。人體內約有一公斤的鈣，其中99%都在骨骼中。骨骼中的紅色骨髓組織，會製造紅血球等血球。頭蓋骨或肋骨的任務，則是保護其中的腦和肺、心臟等重要器官。

● ● 骨骼的命名法 ● ●

骨骼的名字大多是依照該骨頭所在的位置（下顎的骨頭就叫下顎骨），或是骨骼的形狀來命名的（如蝶骨等）

● 最大的骨頭和最小的骨頭 ●

人體約有二〇六塊骨頭。「大約」是因為脊椎最下方的尾骨數量，每個人並不相同。

位於大腿的股骨是人體的最大骨頭，成人男性的腿骨長達 30 公分，最小的骨頭是中耳裡的槌骨、砧骨、鐙骨，這三種骨頭有傳聲作用，合起來叫聽小骨。每一個都只有幾公釐左右。

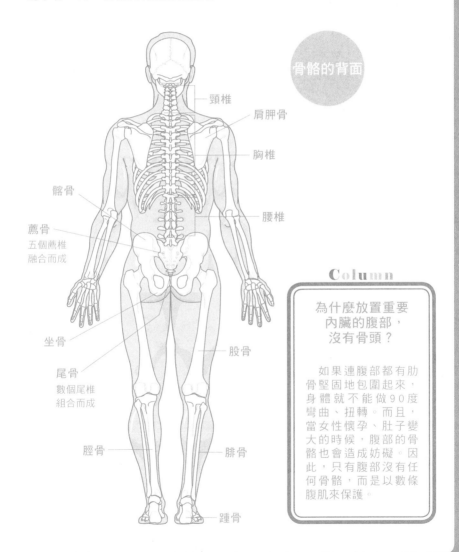

骨骼的背面

頸椎

肩胛骨

胸椎

腰椎

髂骨

薦骨
五個薦椎
融合而成

坐骨

尾骨
數個尾椎
組合而成

股骨

脛骨

腓骨

踵骨

Column

為什麼放置重要內臟的腹部，沒有骨頭？

如果連腹部都有肋骨堅固地包圍起來，身體就不能做 90 度彎曲、扭轉。而且，當女性懷孕、肚子變大的時候，腹部的骨骼也會造成妨礙。因此，只有腹部沒有任何骨骼，而是以數條腹肌來保護。

頭蓋骨的構造是什麼樣？

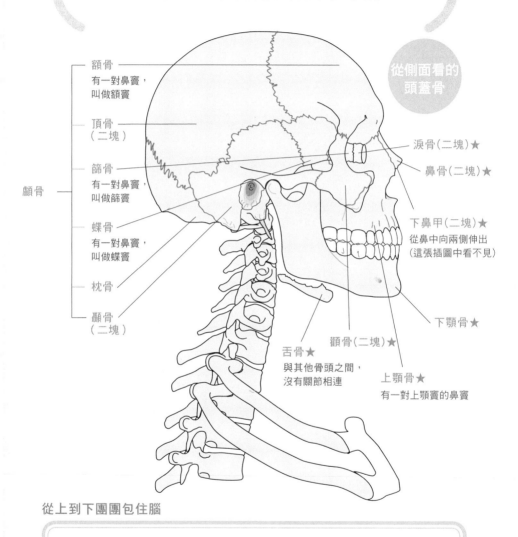

從側面看的頭蓋骨

額骨
有一對鼻竇，
叫做額竇

頂骨
（二塊）

篩骨
有一對鼻竇，
叫做篩竇

蝶骨
有一對鼻竇，
叫做蝶竇

枕骨

顳骨
（二塊）

顱骨

淚骨（二塊）★

鼻骨（二塊）★

下鼻甲（二塊）★
從鼻中向兩側伸出
（這張插圖中看不見）

下顎骨★

顴骨（二塊）★

舌骨★
與其他骨頭之間，
沒有關節相連

上顎骨★
有一對上顎竇的鼻竇

從上到下團團包住腦

腦是人體最重要的器官，所以有頭蓋骨緊密地包住。把手放在頭上時摸得到的部分叫顱頂。腦部除了顱頂從上面保護，下方也有支持的骨骼，叫做顱底。

包圍腦部的骨骼統稱為顱骨，全部六種共八塊（參照上圖）。剛出生的嬰兒額骨和枕骨分為左右兩塊，骨頭還未能緊密的組合起來。所以在通過產道時，骨頭可以移動或重疊，改變頭的形狀。

把手電筒放進嘴裡，臉會發光！

　　臉部的骨頭形成眼部的眶、鼻梁、鼻孔、臉頰、顎和口中的上顎等，這些稱為面顱。全部的骨頭共有九種十四塊（參照左、下圖的★號）

　　顱骨中的額骨、蝶骨、篩骨，以及屬於面顱的上顎骨中有空洞。這些空洞叫做副鼻竇，每個洞都和鼻子相連。它有助於讓頭骨變得較輕，也與聲音的迴響有關係。當我們在黑暗處把手電筒放進嘴裡時，光線會透過空洞反射出來，因此臉部會發光。

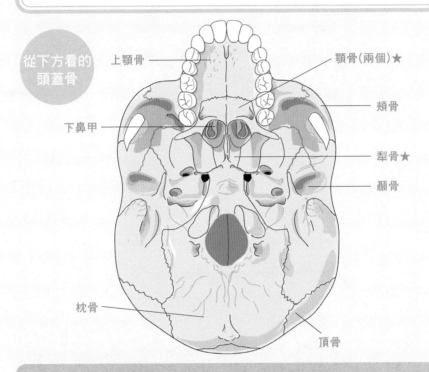

從下方看的頭蓋骨

上顎骨

顎骨（兩個）★

下鼻甲

頰骨

犁骨★

顳骨

枕骨

頂骨

法醫學之眼（頭蓋骨損傷與死因的關係）

　　受到外力強大的撞擊，而導致頭蓋骨骨折時，頭蓋骨會出現線狀的裂縫，並且會按施以外力物的形狀沉陷。嬰幼兒由於骨頭軟，雖然不會骨折，卻也會像乒乓球般凹下。

　　以極強大的力量壓迫頭的左右時，顱底會發生橫向骨折。壓迫前後的話，顱底則會發生縱向骨折。

　　人若上吊，舌骨和甲狀軟骨會折斷。因此，可從頭部骨折的狀態來推測死因。

骨骼 為什麼小腿骨被打特別痛？

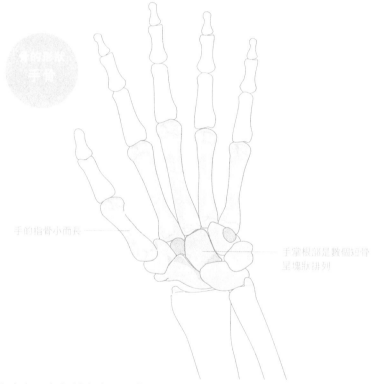

骨的形狀
手骨

手的指骨小而長

手掌根部是數個短骨
呈塊狀排列

　　全身上下有各種大小、形狀的骨頭。像手和腳的骨頭，兩端粗大卻很長；而頭蓋骨和肩胛骨則是扁平狀，但也有像脊椎一般，全是塊狀骨頭組合而成。

　　骨頭除了末端的軟骨之外，其他都被骨膜包覆起來。骨膜上分布了許多神經和血管，當骨折或強烈撞擊時，便會產生劇痛。小說裡經常描述英雄的小腿脛骨也經不起一踢，因為這個部位的皮膚下方就是骨頭，沒有肌肉做緩衝，所以一旦受到強烈撞擊，就會劇烈疼痛。

● 長大之後，骨頭還會繼續生長！？ ●

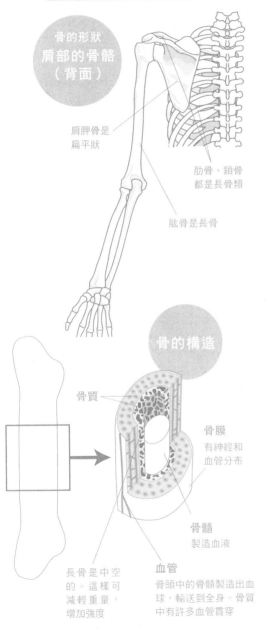

骨的形狀
肩部的骨骼
（背面）

肩胛骨是
扁平狀

肋骨、鎖骨
都是長骨類

肱骨是長骨

骨的構造

骨質

骨膜
有神經和
血管分布

骨髓
製造血液

長骨是中空
的。這樣可
減輕重量，
增加強度

血管
骨頭中的骨髓製造出血
球，輸送到全身。骨質
中有許多血管貫穿

我們都以為長大成人之後，骨頭就不會變化了。但其實每二至三年，全身的骨頭都會更新一次。骨頭平時會一點一點地融解，消失的部分會再長出新骨骼，同時進行新陳代謝。

然而，若是骨骼的原料鈣質長期攝取不足，或老化造成變化，又或是女性停經後，導致與骨骼代謝有關女性荷爾蒙不再分泌，都會發生一摔跤就骨折的極端現象。這種狀態叫做骨質疏鬆症。

Column

只靠骨骼就能推測年齡

從胎兒在母親肚子裡，骨骼就開始生長了。但出生時，它的長度和形狀都尚未完成。

舉例來說，長骨兩端的軟骨部分叫做骨端成長板，這裡的軟骨細胞會繼續分裂，軟骨會漸漸長成硬骨。此外，構成頭蓋骨的數片平板骨，出生時並不相接，之後逐漸長成鋸齒狀的接縫，到了中老年時，這些骨頭會完全接合在一起（癒合）。

骨骼從出生到死亡都在不停的變化，因而只靠骨頭，就能推斷出人的年齡。

骨與骨連接處的關節
脖子能左右轉動，膝蓋卻不能？

支撐激烈動作，使它順利完成的關節輔助裝置

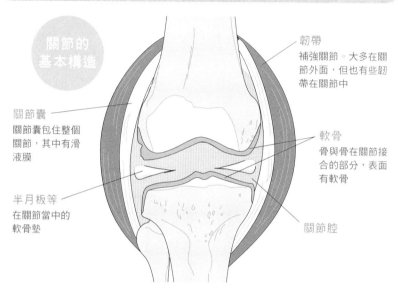

關節的
基本構造

韌帶
補強關節。大多在關節外面，但也有些韌帶在關節中

關節囊
關節囊包住整個關節，其中有滑液膜

軟骨
骨與骨在關節接合的部分，表面有軟骨

半月板等
在關節當中的軟骨墊

關節腔

兩段骨頭相接處若是沒有任何包覆，而在關節處直接接觸摩擦，每次活動就會互相摩擦、削減。因此，兩塊骨頭連接部的表面，都有滑潤的軟骨包覆著。

關節的內部和外部附著了條狀韌帶，為關節做補強的作用。此外，整個關節都由關節囊包起來，其中還有滑液做潤滑。進而如脊椎之間有椎間板，膝蓋關節中有半月板等緩衝墊，緩和加諸於關節的衝擊。

Column

脖子上有佛陀！

從側面觀看頸部的第二頸椎時，那個突起就像是佛陀的頭，而底部則像是坐禪中盤起的腿。依照日本的習慣，火葬後撿骨時，會將這塊第二頸椎當作「喉佛」，放在骨灰罈的最上面。但是，一般男性喉部突起的喉結，其實是支撐氣管的甲狀軟骨，火葬時就燒掉了。與這塊「喉佛」不一樣。第二頸椎就在頭蓋骨的下方，從外表是看不見的。

● 為什麼每種關節的活動角度不一樣？ ●

　　為什麼肩膀、膝蓋和脖子轉動的方向，都不一樣呢？那是因為形成關節的骨頭形狀，以及組合方式不同的關係。

　　肩關節和股關節的骨頭，一端的圓形會嵌入另一端凹槽（球窩關節），因此可以旋轉。膝蓋、手指等的兩塊骨頭像門的鉸鏈般連接（樞紐關節），所以受限於伸展和彎曲的動作。頸部由七個頸椎連結而成，其間都夾著椎間板做為緩衝墊，因此整個頸部可以向前後左右彎曲，頭部也可以三百六十度旋轉。

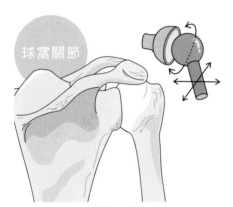

球窩關節

可以旋轉。肩關節、股關節

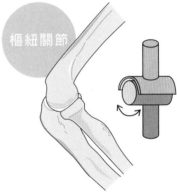

樞紐關節

只可以彎曲伸展。膝蓋、手指等

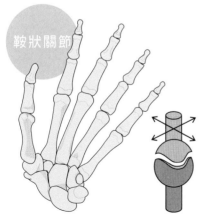

鞍狀關節

可前後左右動，但不能向斜面移動，就像騎在馬鞍上的形狀。像是拇指的根部

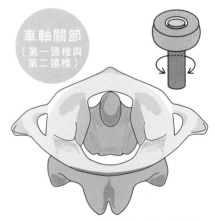

車軸關節
（第一頸椎與
第二頸椎）

承載頭蓋骨的環狀第一頸椎（環椎）連接第二頸椎（軸椎），因此可以此處為軸心向側邊旋轉

男女骨骼大不同
男女骨盤和頭蓋骨有很大差別

說到男性和女性的骨骼，你會想到什麼？
男性個子高、肩膀寬，粗獷、骨頭很大等。
而女性身材瘦小、細緻，給人柔軟的感覺。
其實我們的身體，僅以骨頭來說，這些形容就綽綽有餘了。
例如，在頭蓋骨靠近眉毛的部分，
男性會隆起，女性則是平坦的。
頰骨弓的部分，男性較粗而大，
可以找出好些個不同之處。
另外，像胸部中央的鎖骨、肱骨、背部的肩胛骨等，
特定部分的長度和厚度，都可看出男女性的差別。

男性厚實、女性纖細，正是兩性骨骼最大的不同之處。

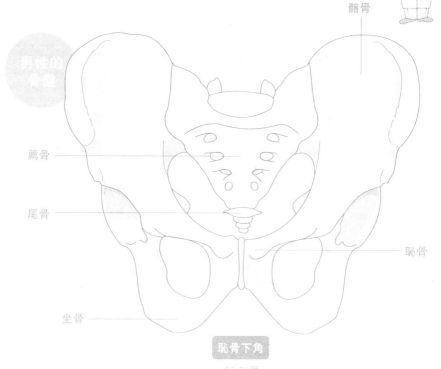

髂骨

薦骨

尾骨

恥骨

坐骨

恥骨下角

60-70度

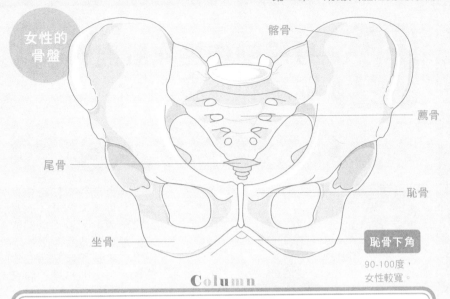

女性的
骨盤

髂骨

薦骨

尾骨

恥骨

坐骨

恥骨下角

90-100度，
女性較寬。

Column

男女的差別，骨盤更清楚

女性因為有生產的功能，因此在骨盤上與男性有很大的差別。

從前面看，恥骨下方部分形成的角度（恥骨下角），男性為60-70度，女性為90-100度。從骨盤中的洞看進去，男性骨盤內的骨頭粗糙突出，而且狹窄。女性是圓而寬。想必是為了維持產道的空間。

連接脊椎的薦骨和尾骨，手扠腰時會碰到的髂骨，其大小、形狀，以及構成股關節部分的形狀、左右的距離等，男女都有很大的差異。

法醫學之眼 （燒過二次的骨頭）

日本政府曾向北韓追查，當年被綁架的日本人中有一名男性並未回國，對方回答該男於四十三歲時死於交通意外，已經下葬了，而且他的墓還被大洪水沖走。不過，所幸後來發現了他的遺骨，終於送返日本。

北韓沒有火葬的習俗，一般都進行土葬。但是，他們表示為配合日本的習慣，而將遺骨燒掉，而且還會燒兩次。經過焚燒後，骨骼的細胞遭到破壞，而無法進行DNA鑑定。

然而，從骨灰罈中的一小片骨片中，發現了顎骨的齒槽（牙齒根部固定在顎骨的部分）。依齒科法醫學的專家鑑定，這並非年輕成年男性的骨頭，而是年老，而且是女性的齒槽。這個鑑定揭穿了北韓的謊言。他們原以為把骨頭燒過兩次，無法鑑定DNA，也就無法確定個人身分，所以才歸還的。也就是說，北韓對這方面的知識仍尚淺薄。

由此可知，保護人權的國家，法醫學才會進步，而輕賤人權的國家，根本不需要法醫學。

身體動作全靠肌肉的收縮和伸展

● 全身的骨骼肌有四百塊！ ●

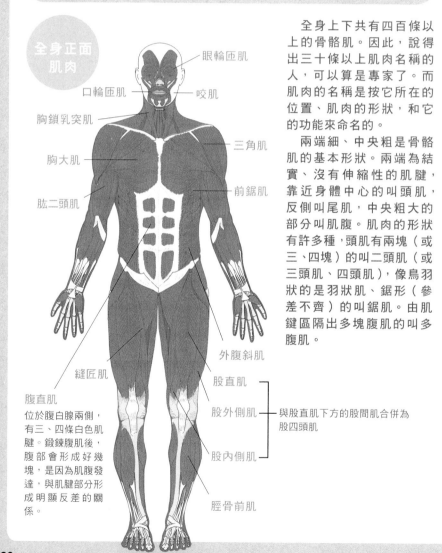

全身正面肌肉

眼輪匝肌

口輪匝肌

咬肌

胸鎖乳突肌

胸大肌

三角肌

肱二頭肌

前鋸肌

外腹斜肌

縫匠肌

股直肌

腹直肌
位於腹白腺兩側，有三、四條白色肌腱。鍛鍊腹肌後，腹部會形成好幾塊，是因為肌腹發達，與肌腱部分形成明顯反差的關係。

股外側肌 ── 與股直肌下方的股間肌合併為股四頭肌

股內側肌

脛骨前肌

全身上下共有四百條以上的骨骼肌。因此，說得出三十條以上肌肉名稱的人，可以算是專家了。而肌肉的名稱是按它所在的位置、肌肉的形狀，和它的功能來命名的。

兩端細、中央粗是骨骼肌的基本形狀。兩端為結實、沒有伸縮性的肌腱，靠近身體中心的叫頭肌，反側叫尾肌，中央粗大的部分叫肌腹。肌肉的形狀有許多種，頭肌有兩塊（或三、四塊）的叫二頭肌（或三頭肌、四頭肌），像鳥羽狀的是羽狀肌、鋸形（參差不齊）的叫鋸肌。由肌腱區隔出多塊腹肌的叫多腹肌。

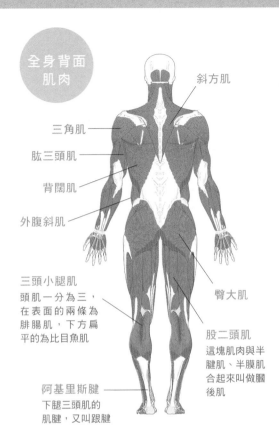

全身背面肌肉

斜方肌

三角肌

肱三頭肌

背闊肌

外腹斜肌

三頭小腿肌
頭肌一分為三，
在表面的兩條為
腓腸肌，下方扁
平的為比目魚肌

臀大肌

股二頭肌
這塊肌肉與半
腱肌、半膜肌
合起來叫做膕
後肌

阿基里斯腱
下腿三頭肌的
肌腱，又叫跟腱

身體怎樣活動？

　　肌肉大多覆蓋住一個以上的關節，附著在兩側的骨頭。換句話說，肌肉並非繃在一塊骨頭的兩端上，而必定是從一塊骨頭附著到另一塊骨頭去。肌肉收縮變短時，兩端受到拉力，距離也縮短，關節便動起來。一個關節附著了二種不同作用的肌肉：伸肌和屈肌，讓關節彎曲的肌肉叫屈肌，伸直的肌肉叫伸肌。

　　肌肉的伸縮需要能量。從葡萄糖等處吸取的能量，會蓄存在肌肉中變成ATP（腺苷三磷酸）的物質。肌肉使用這種能量，便能反覆伸縮。

法醫學之眼 （ 死後僵直是肌肉內的 ATP 減少所引起的 ）

　　人死之後會發生屍僵的現象。通常會在死後二至三小時後開始出現，該狀態會持續一整天以上，一般認為原因在於肌肉的能量來源ATP（參見28頁）減少所致。活著的人會一直補充能量，一旦死亡，代謝停止，能量無法補充，便會漸漸消失。而屍僵會隨著屍體的腐敗而逐漸緩解。

　　若是臨死前用力握住什麼東西時，出力甚大造成肌肉疲勞，該部分的ATP減少，死亡後屍僵就會更快、更強的出現。傳說有人站著死去，或是死了還是緊抓著重要事物不放，也許就是這個因素。

弁慶站著斷氣也是ATP的因素？

　　在衣川大戰中，被敵軍攻破的弁慶（平安時代後期的傳奇性人物。原名為武藏坊弁慶）儘管身上中了無數支箭，仍舊文風不動地站著瞪視敵人。他的主君義經便趁著這段時間，渡過衣川逃走。弁慶的忠義和英勇，屢屢被搬上舞臺，成為傳頌至今的著名橋段。

　　從醫學的角度看可以解釋為，弁慶久戰疲累，在ATP減少的狀態下驟然死亡，因而快速而強烈地發生屍僵（電擊性屍僵）的狀態。

製造表情的肌肉與
飲食用的肌肉

● 表情肌附著於皮膚而非骨骼！ ●

　　我們的手腳之所以會動，是因為肌肉橫跨過關節，附著在骨骼上收縮、伸展。臉部可以動的關節只有顎部，而眼睛和臉頰等處沒有會動的關節，卻能做出豐富的表情，全是因為製造表情的肌肉（表情肌）並不附著在骨頭，而是附在皮膚上。

　　表情肌也是肌肉，所以勤加使用會使它更發達。此外，肌肉會拉開附著的皮膚，所以常做表情會使皮膚出現細紋。但經常運用笑臉肌肉的人，會呈現出開朗、年輕的表情。

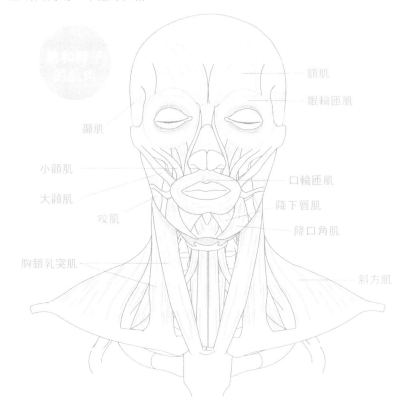

額肌

眼輪匝肌

顳肌

小顴肌

大顴肌

咬肌

口輪匝肌

降下唇肌

降口角肌

胸鎖乳突肌

斜方肌

● 舌頭是一整束肌肉形成 ●

吃東西靠的是嘴邊的肌肉！

Power!

舌頭既靈活又有力？

我們吃東西的時候，會用舌頭移動食物的位置，以及將下顎上下運動來咀嚼食物。這些動作，都是依賴嘴邊的肌肉來進行。

將下顎往上抬的是臉頰的大型咬肌，而把下顎往下拉讓嘴張開的，是位於頸部的數條肌肉。嘴邊和臉頰的肌肉可擴張臉頰或活動口部，幫助食物在口中移動。此外，舌頭是一整團肌肉，它可以變細、變尖，保持平坦或是左右扭動，十分好用。

Column

臉的整形手術

有一名逃犯做了臉部整形手術，變成另一個人後四處逃亡，直到兩年半後才被逮捕。警方公開他手術前後的臉部照片，果然變得完全不同。但是，他變臉之後仍不滿足，又到另一家美容外科希望再度變臉，因而被醫生識破，最後報警逮捕了他。

進行第一次手術的醫生，是整形外科中的名醫，他應該不會沒看過這名通緝犯的臉部照片。為什麼當時沒有報警呢？真是令人遺憾。

法醫學之眼（在頭蓋骨復原肌肉位置，利用復顏法調查身分）

當我們發現已化成白骨的屍體，無法辨認它的身分時，會用頭蓋骨復原臉部，這叫做「復顏法」。

臉部的肌肉和皮膚的厚度，依據統計可從人種和年齡算出平均值。因此，可先從發現的白骨和遺物中，推斷出人種和年齡，再依據數值在頭蓋骨上進行復原。

以前用的方法，是在骨頭上黏上黏土，但它需要特殊的技術和步驟，現在已改用電腦繪圖來進行。

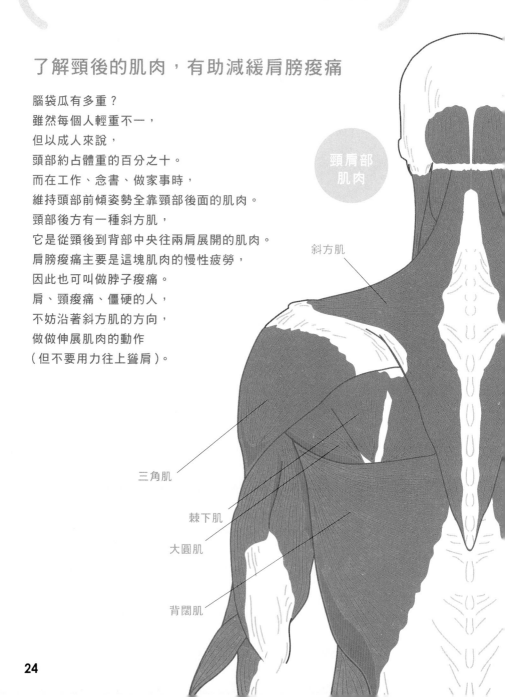

肩膀痠痛，其實是脖子痠

了解頸後的肌肉，有助減緩肩膀痠痛

腦袋瓜有多重？
雖然每個人輕重不一，
但以成人來說，
頭部約占體重的百分之十。
而在工作、念書、做家事時，
維持頭部前傾姿勢全靠頸部後面的肌肉。
頸部後方有一種斜方肌，
它是從頸後到背部中央往兩肩展開的肌肉。
肩膀痠痛主要是這塊肌肉的慢性疲勞，
因此也可叫做脖子痠痛。
肩、頸痠痛、僵硬的人，
不妨沿著斜方肌的方向，
做做伸展肌肉的動作
（但不要用力往上聳肩）。

頸肩部
肌肉

斜方肌

三角肌

棘下肌

大圓肌

背闊肌

連接手臂和肩的不是骨頭，而是肌肉！

肩膀不僅能轉動手臂，它自己也可以上下、前後的活動。
但是，股關節只能讓腳動，骨盤本身卻不能動，
這是為什麼呢？原來股關節是一種非常堅實的結構，
脊椎緊密連結的骨盤，在此處與大腿骨接續起來。
雖然手臂的肱骨與背部的肩胛骨相連，
但肩胛骨只有以胸前的鎖骨和肩膀部分，與肋骨相連。
因此，這麼稀鬆的連結，
就必須靠肩和胸的肌肉
來支撐了。

肩膀關節的構造

鎖骨
肩膀的肩胛骨與身體中央的胸骨連結在一起

胸骨

肱骨
以關節與肩胛骨連結

肩胛骨
在肩膀部分與鎖骨連接。未與肋骨相連，所以肩胛骨本身可以靈活轉動，擴大肩的可動範圍

Column

四十肩、五十肩的原因？

　　到了中高年紀，會在某一天突然感覺肩膀疼痛，手腕舉不起來，這種症狀就叫四十肩或五十肩。不過，現在還不知道它發生的原因。
　　有人認為有可能是因為肩膀平時不太用力的關係。想想看，最近是否做過兩手完全舉高的動作呢？如果你好久沒做這個動作，表示隨著年紀增長，日常動作也變得愈來愈小了。雖然不可以過度用力，但一天做一次輕緩的運動，如伸展和體操，便能維持身體的柔軟度。

肌肉

抬腳的肌肉在肚子裡

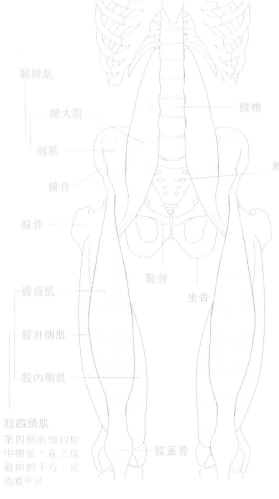

髂腰肌

腰大肌

髂肌

髂骨

股骨

腰椎

薦骨

股直肌

股外側肌

股內側肌

恥骨

坐骨

股四頭肌
第四個肌頭的股
中間肌，在三條
肌肉的下方，此
處看不見

膝蓋骨

當我們走路、跑步的時候，需要靠腰大肌將我們的膝蓋拉起來。這塊肌肉位於腹部，從腰椎開始往兩側的斜下方呈八字形伸展，到達股關節的股骨內側。另外，髂肌從髂骨內側開始，延伸到股骨，與腰大肌合稱為髂腰肌。

另外，大腿前面的股四頭肌有四個肌頭，當我們舉起腿時，其中之一的股直肌也會發揮作用。

● 受注目的關鍵始於CT（電腦斷層攝影）檢查 ●

由於腰大肌位於外表看不見的位置，從前不太為人所知。但後來為了研究某位傑出的運動選手，因而為他進行CT檢查，來了解他能力過人的祕密。從腹部切面影像發現這塊肌肉非常發達，由此明白了腰大肌對人體的重要性，因為它的作用在於抬起雙腿，是基本動作不可缺少的要素。從這次研究之後，腰大肌受到研究者的重視。

● 高齡之後仍可鍛鍊腰大肌 ●

高齡再加上運動不足，會導致腰大肌衰弱，因而無力抬腿，也無法精神飽滿地大步前進。若是再嚴重一點，恐怕連一點點階梯都跨不上去，而絆到跌倒。

高齡者一旦摔倒，很容易造成骨折，甚至因而臥床不起。因此即便到了高齡，也要維持適度運動，以鍛鍊、強化腰大肌的功能。

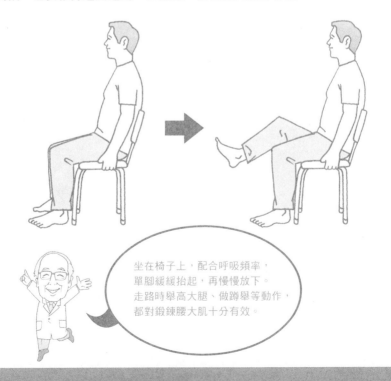

坐在椅子上，配合呼吸頻率，
單腳緩緩抬起，再慢慢放下。
走路時舉高大腿、做蹲舉等動作，
都對鍛鍊腰大肌十分有效。

肌　肉

肌肉疲勞和肌肉痛的真相，
還未研究出來嗎？

● 肌肉能量的供給源是？ ●

　　肌肉的能量來源是肌肉中的 ATP（腺苷三磷酸）成分。ATP 一釋放出能量時，會轉化為 ADP（腺苷二磷酸），但會從肌肉中的 CP（磷酸肌酸）取得能量，再立刻轉變回 ATP。它的儲備量有限，只能維持幾十秒。

　　當 ATP 枯竭時，就會分解肌肉中的葡萄糖，從中取出能量。這裡分為不需要氧氣（無氧性）系統，和使用氧氣（有氧性）系統兩階段。在無氧性過程中會製造乳酸，導致肌肉變為酸性。有人認為這是肌肉痠疼的另一個原因。

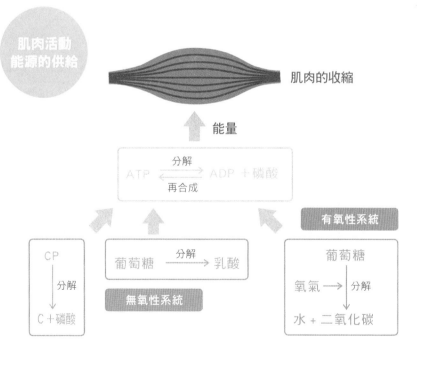

肌肉活動
能源的供給

肌肉的收縮

能量

ATP　分解 ⇄ 再合成　ADP ＋磷酸

有氧性系統

CP
↓ 分解
C ＋磷酸

葡萄糖　分解 → 乳酸

無氧性系統

葡萄糖
氧氣 → 分解
↓
水 ＋二氧化碳

● 人的肌肉也分成紅肉和白肉！？ ●

　　肌肉的顏色有的偏紅，有的偏白，也有介於兩者之間的粉紅色。而顏色能顯示出肌肉的功能。

　　肌肉是由細長的肌纖維束形成，肌纖維有紅色和白色之分。紅、白色肌纖維的占比多寡，決定了肌肉的顏色。

　　紅色肌纖維含有較多肌紅蛋白，具有吸取氧氣的能力，所以擅長從事長時間的有氧運動。白色肌纖維的肌紅蛋白含量少，雖然容易疲倦，但是善於發揮瞬間爆發力。因此，紅色肌纖維較多的紅肉是具持久性的肌肉，白肌纖維較多的白肉，則屬於爆發力的肌肉。

紅肉與
白肉

紅肉

紅色肌纖維較多的紅肉，無法在瞬間使出巨大的力量，但具有持久性，可以長時間運動

白肉

白色肌纖維多的白肉，雖然不太具有持久性，但卻具有爆發力，可以使用巨大的力量

Column

肌肉痛的原因出在肌肉上的傷！

　　偶爾外出動動筋骨，到了第二、第三天往往就會出現肌肉疼痛的狀況。據研究發現，這種疼痛並不只是因為疲勞，而是肌肉受傷的關係。

　　激烈運動之後，某些肌肉的細微處出現破裂、損傷，傷口發炎，因而發熱、疼痛，這就是我們所知的肌肉痛。等傷口復原，充分供給營養和養分後，肌肉就會更強壯。不過，這並不表示未達到肌肉痛程度的運動沒有成效。

法醫學之眼（ 身體遭到毆打會致死嗎？
擠壓傷症候群（Crush Syndome） ）

　　如果身體遭到大範圍的毆打、踢踹，造成皮下肌肉內出血，便可能在四至五天後死亡。這是因為肌肉被破壞，產生了尿紅蛋白。肌紅蛋白會隨著尿素一起排出，但當量太大時，肌紅蛋白會堵住輸尿管。腎臟的尿過濾作用衰弱，引發腎功能衰竭、尿毒症，最後死亡，這種狀況便稱為擠壓傷症候群。

　　一般外行人可能會以為「腦部最重要，所以不要打頭即可」，而臀部只有肌肉，沒有重要器官，可以盡量打，但結果卻有人因為擠壓傷症候群，而在四至五天後身亡。這個人並不是病死，而是遭到外力撞擊而死。

　　身體的任何一個位置都不得踢或打，從事教育者應謹記在心。

從皮膚色澤可知健康狀態？

● 皮膚是人體中最重的「器官」●

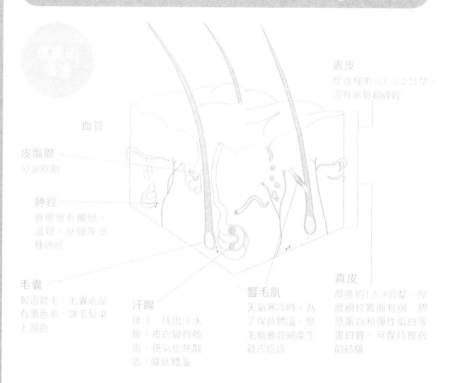

表皮
厚度僅有0.1-0.2公釐，
沒有血管和神經

血管

皮脂腺
分泌皮脂

神經
真皮層有癢覺、
溫覺、痛覺等多
種神經

毛囊
製造體毛，毛囊底部
有黑色素，讓毛髮染
上顏色

汗腺
排汗，排出汗水
後，皮膚變得乾
爽，使氣化蒸散
去，降低體溫

豎毛肌
天氣寒冷時，為
了保持體溫，豎
毛肌會收縮產生
雞皮疙瘩

真皮
厚度約1.5-4公釐，厚
度視位置而有別。膠
原蛋白和彈性蛋白等
蛋白質，可保持皮膚
的結構

　　以成年人而言，全身皮膚的重量有 2-4 公斤，面積達 1.5-2 平方公尺。
皮膚除了保護身體不受細菌和各種刺激的侵害、調節體溫外，還具有痛、
癢等感受的感覺器功能。

　　皮膚是由表皮和真皮構成。表皮的最底層不斷製造新細胞，將舊的表皮
往上推，最後最外層的細胞變成體垢脫落，表皮約四星期更新一次。

　　真皮層具有神經、血管、汗腺和皮脂腺、毛囊。但表皮沒有血管和神經，
所以日曬之後，皮膚（表皮）曬傷不覺得痛，也不會出血。毛髮和指甲也
是表皮變化而成，剪了也不會流血，自然也不會痛。

● 變紅、變白、變黑 ●

日本人雖被分類為黃種人，但其實每個人皮膚顏色卻也深淺不一，究竟這是怎麼發生的呢？

表皮下有一層黑色素細胞。它會製造黑色素，而皮膚的基本色就是由黑色素的多寡來決定。日曬之後皮膚變黑，也是因為黑色素受到紫外線刺激而增加的關係。

血管在皮下分布的深度、數量，和血流的狀況，也都受皮膚顏色的影響。喝了酒臉色變紅，是因為皮下血管擴張。身體發冷而臉色蒼白，則是皮下血管收縮，血流速度降低之故。

人的嘴唇是紅色，是因為這部分皮膚接近口中黏膜，而且比較薄，皮下血管中的血液顏色穿透出來的關係。

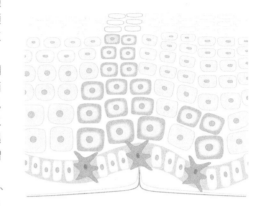

色素增加就變黑了，對吧。

法醫學之眼 （ 人死後會變成青鬼、紅鬼、黑鬼和白鬼嗎!? ）

人體生命活動停止之後，不久就會開始腐敗。體內產生氣體，因此屍體會膨脹。此時，體內形成的硫化氫，與血液的血紅蛋白結合，皮膚會變青，日本民間稱此為青鬼。

當腐敗繼續進行，漸漸會由青色轉為暗紅色。全身脹大成「巨人狀」，因而被稱為紅鬼。當腐敗更嚴重後，就會發黑，叫做黑鬼。身體組織開始融解，最後只剩下白骨一堆，就成了白鬼了。

頭髮一天長多長？

● 體毛對人體沒用處？ ●

　　體毛對動物來說，有保護身體、遠離危險，也有保溫的重要功能。但人的體毛卻幾乎沒有這類功能。雖然體毛接觸到異物時，也會有感覺，但並不是生存上不可或缺的元素。簡言之，人體沒有體毛也能健康的生活。

　　生出毛髮的地方叫做毛囊，底部的毛乳突裡有纖維母細胞，會生出新的毛髮。毛乳突裡有黑色素細胞，製造黑色素為毛髮上色。

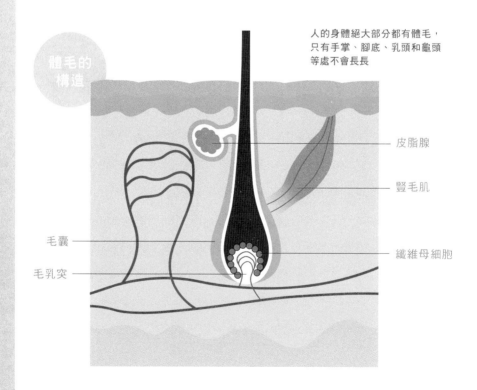

體毛的構造

人的身體絕大部分都有體毛，只有手掌、腳底、乳頭和龜頭等處不會長長

皮脂腺

豎毛肌

纖維母細胞

毛囊

毛乳突

● 禿頭是遺傳嗎？ ●

　　頭髮生長的速度，一個月約有 1 公分，一天約有 0.3 公釐。但是毛乳突有週期，在成長期（約三至八年，女性較長）時，毛髮生長旺盛，退行期（二至三週）時，成長變得緩慢，而到了休止期，功能停止毛髮脫落（約二至三個月），三個週期會輪流出現。

　　禿頭是頭髮在成長期過程中，毛乳突功能停止，或無法從休止期進展到成長期而發生的現象。有人認為禿頭的機率來自遺傳，但生活壓力和習慣也有關係。並不因為父母禿頭，孩子就一定會禿。

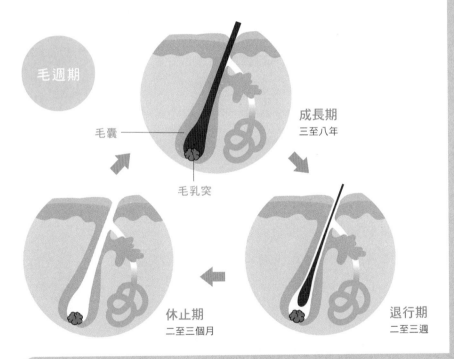

毛週期

毛囊

毛乳突

成長期
三至八年

退行期
二至三週

休止期
二至三個月

法醫學之眼（死者的鬍子會長長？）

　　死亡之後，身體所有的機能都會停止運作，所以鬍子或毛髮不會再生長。但是，的確有人言之鑿鑿地說，鬍子在死後會長長。這到底是怎麼回事呢？

　　活著的時候，身體會因為代謝作用不斷得到水分的供給，然而死亡之後，機能停止，身體的水分只會流失，不會補充，於是漸漸變得乾燥。皮膚乾燥便會緊縮，但相對的，鬍子卻沒有這種變化，看起來就它就像長長了一般。

第 2 章

循環人體的氧氣和

～ 循環器官・血液・呼吸器官 ～

我們身體是由無數的細胞組成。

而將氧氣和營養送至每個細胞，

是心臟和血管的工作。

心臟就像個永不休息的馬達，

將血液源源不絕地運送出去。

而呼吸器官則將氧氣吸收到體內。

本章將介紹人體的基本生理作用，

也就是循環器官與血液、呼吸器官的功能。

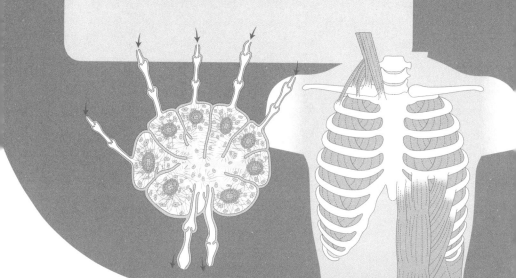

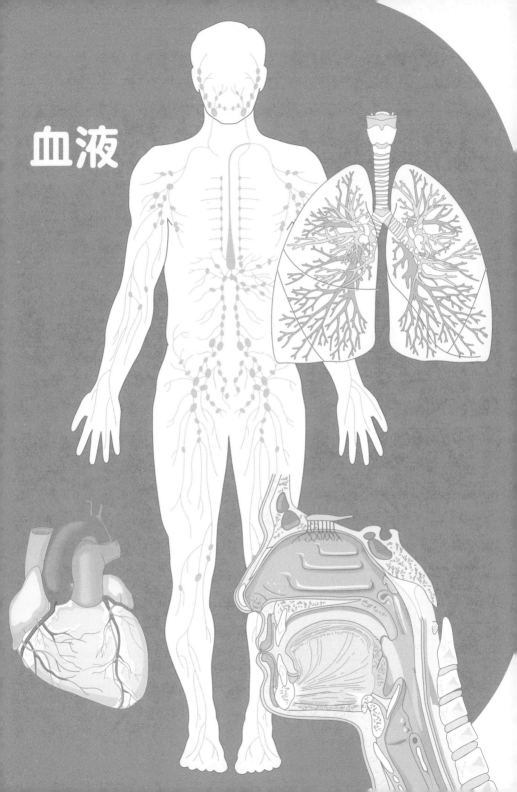

血液

心臟內部分成四個腔室
位置在哪裡？

● 左胸聽得見心臟的聲音 ●

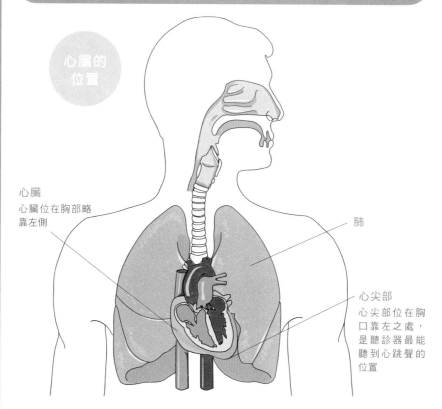

心臟的
位置

心臟
心臟位在胸部略
靠左側

肺

心尖部
心尖部位在胸
口靠左之處，
是聽診器最能
聽到心跳聲的
位置

　　你用過聽診器聽聽心臟的聲音嗎？聽得最清楚的位置，是在左胸的下方。
心臟位在胸部略微左側之處。為什麼會這樣呢？

　　心臟大約有一個拳頭大，它夾在左右肺片的中央，由於它的功能非常重
要，所以有肋骨保護，不容易受到外界的衝擊。它的形狀有點像顆蛋，較
尖的部分（心尖部）朝下。

　　心臟跳動時，心尖部的動作最大，所以靠近心尖部的左胸，可以聽到最
清楚的心跳聲。

● 安排血流單向通行的四個腔室 ●

心臟靠著四個腔室和腔室之間瓣膜的作用，讓產生的血流永遠單向通行，絕不會逆流回去。

心臟的內部分成四部分，左右心房和左右心室。血液回到心臟時會從心房進入，而心室則會把血液送出心臟。左右心房和心室之間有一道中膈，所以血液不會左右來回流動。

心房與心室之間、心室的出口都個別有瓣，一旦送出血液，便不會再流回來。

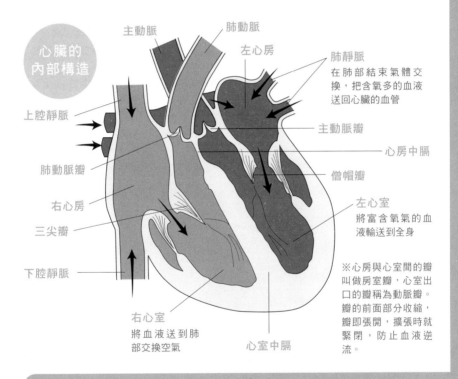

心臟的
內部構造

主動脈

肺動脈

左心房

肺靜脈
在肺部結束氣體交
換，把含氧多的血液
送回心臟的血管

上腔靜脈

主動脈瓣

心房中膈

肺動脈瓣

僧帽瓣

右心房

左心室
將富含氧氣的血
液輸送到全身

三尖瓣

下腔靜脈

右心室
將血液送到肺
部交換空氣

心室中膈

※心房與心室間的瓣
叫做房室瓣，心室出
口的瓣稱為動脈瓣。
瓣的前面部分收縮，
瓣即張開，擴張時就
緊閉，防止血液逆
流。

法醫學之眼 （ 心臟停止後受的
傷沒有生活反應 ）

當人心臟停止死亡時，全身的血流也會停止。在這種狀態下，身體就算受了傷，該部分的血液只會自然流出，並不會噴出來。

檢驗屍體的時候，若是受傷、撞擊的部分有出血、感染或發炎等生活反應，便可斷定這個傷是生前造成的。相反地，若是沒有生活反應，那傷口就是死後造成的。從這些現象可以推測一個人的死因。

心臟從何處攝取營養？

心臟一天收縮十萬次以上，營養和氧氣絕不可少！

　　成人安靜時的心跳數為一分鐘 60-80 次。一天約有十萬次的心跳。若是運動或壓力導致心跳加快，則次數將會更多。所以，每天不間斷工作的心臟肌肉，需要大量的能量和氧。然而，心臟並不能從大量流經內部的血液中，直接取得氧和營養。

　　這時，供給心臟營養和氧的，是從主動脈根部向左右伸出的兩條細血管，叫做冠狀動脈。冠狀動脈有很多分枝，廣布在左右心房和心室。冠狀動脈之間還有毛細血管，可供給心肌營養和氧氣。

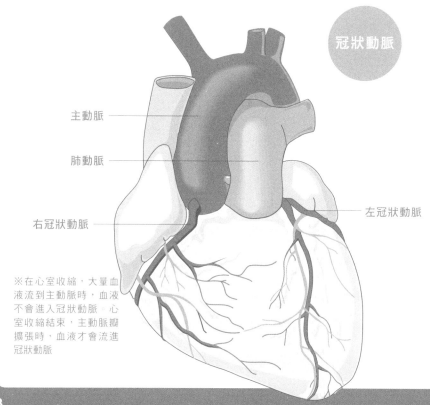

冠狀動脈

主動脈

肺動脈

右冠狀動脈

左冠狀動脈

※在心室收縮，大量血液流到主動脈時，血液不會進入冠狀動脈。心室收縮結束，主動脈瓣擴張時，血液才會流進冠狀動脈

心肌梗塞發生的原因在於冠狀動脈的構造

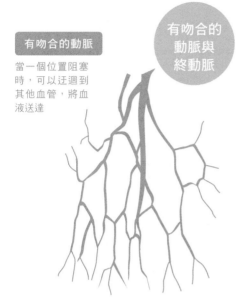

有吻合的動脈與終動脈

有吻合的動脈

當一個位置阻塞時，可以迂迴到其他血管，將血液送達

終動脈

只要一個位置阻塞，就無法將營養和氧氣送到末端，組織因而壞死。冠狀動脈是終動脈的結構

若是冠狀動脈阻塞，血液無法達到末端，不能送營養和氧到心肌的話，該部分組織會壞死，心臟就無法正常運作，這就是心肌梗塞。發生這種病變的主要原因，多是血中脂質異常、高血壓、糖尿病、年老等造成的動脈硬化。

全身動脈大多數有很多分枝，而且有著橫向聯繫（吻合）。不論哪裡阻塞，都可以迂迴通行。但是，冠狀動脈沒有吻合枝（終動脈），所以只要一個地方阻塞都會致命。

Column

車禍意外的撞擊會造成大動脈破裂！？

時速一百公里以上奔馳的車子若發生追撞意外，胸部的主動脈很可能破裂而導致死亡。

由於汽車在高速動態下突然停止，它的反作用力會從前方對內臟加諸強大的力量。心臟雖然完全不是固定在四周，但從心臟延伸出的主動脈卻牢牢地定著在脊椎上，所以主動脈被心臟的重量拉扯下，就有可能斷裂。

為了預防憾事發生，請務必要保持行車距離。

心臟

「動脈」與「靜脈」有何不同？

動脈與靜脈的定義

全身的
主要血管

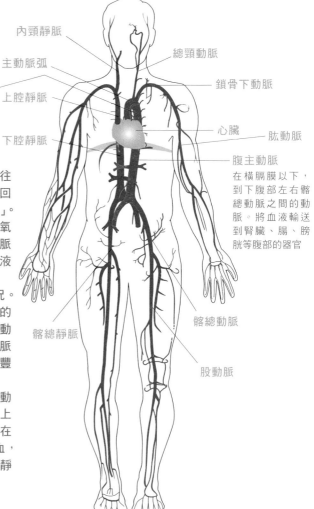

內頸靜脈

總頸動脈

主動脈弧

鎖骨下動脈

上腔靜脈

胸主動脈
在橫膈膜以上，朝下方延伸的大動脈。將血液輸送到肺和食道

下腔靜脈

心臟

肱動脈

腹主動脈
在橫膈膜以下，到下腹部左右髂總動脈之間的動脈。將血液輸送到腎臟、腸、膀胱等腹部的器官

髂總靜脈

髂總動脈

股動脈

血管有兩種，從心臟往外走的叫做「動脈」，返回心臟方向的叫做「靜脈」。動脈輸送的，都是富含氧的血液（動脈血），而靜脈輸送的是含氧量少的血液（靜脈血）。

然而，也有例外的狀況。從右心室送血液到肺部的肺循環就剛好相反。肺動脈送的是帶氧較少的靜脈血，肺靜脈送的是含氧豐富的動脈血。

在橫膈膜以上流動的動脈血變成靜脈血，經過上腔靜脈回到右心房。而在橫膈膜以下流動的動脈血，變成靜脈血，通過下腔靜脈回到右心房。

全身的循環路徑有大循環和肺循環兩種

　　全身的血液巡環有兩條路徑，在心臟交錯成 8 字形。其中一條是以心臟為起點，將富含氧氣的血液送到全身，再回到心臟的路線；這條叫做大循環。另一條是將全身送回來含氧量少的血液送到肺，經由空氣交換，讓血液再度充滿豐富氧氣的路徑；這叫做肺循環。我們可以比喻為在肺循環收取貨物的卡車，回到中央配送中心（心臟），再重新輸送到目的地（全身）。

大循環和
肺循環的
模式圖

肺循環

右心室→肺動脈→肺
→肺靜脈→左心房

　　心臟不斷地收縮和擴張，收縮時，動脈血從心室流出到全身，擴張時，靜脈血會回到心房。

　　如果用另一句話來形容肺的呼吸，就是經由血管進行靜脈血和動脈血交換的作業。這項作業（呼吸運動）只要暫停十分鐘，就有面臨死亡的危險。

大循環

左心室→主動脈
→上半身和下半
身的內臟和組織
→上、下腔靜脈
→右心房

※大循環和肺循環正好在心臟交叉成8字形

Column

從出血的顏色判斷受傷的血管

　　氧氣豐富的動脈血，和將氧氣送到組織後、帶氧量少的靜脈血，顏色完全不同。紅血球中含有血紅蛋白，它是輸送氧的物質，當它與氧結合後，就會變成鮮紅色，將氧氣送到身體組織後，就會變成暗紅色。

　　當我們做抽血檢查，從手腕抽血時，血液的顏色是暗紅色，那是因為我們是從靜脈抽取靜脈血的關係。在車禍或事故出血的血液若為鮮紅色，即可判斷是動脈出血。

心臟

心臟為什麼能規律地跳動？

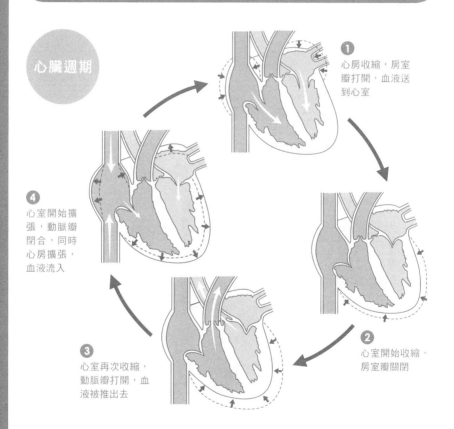

心臟週期

① 心房收縮，房室瓣打開，血液送到心室

② 心室開始收縮，房室瓣關閉

③ 心室再次收縮，動脈瓣打開，血液被推出去

④ 心室開始擴張，動脈瓣閉合，同時心房擴張，血液流入

心臟四個腔室若是全部同時收縮，或是律動紊亂，就無法將血液順利送出。心臟只有保持規律的收縮和擴張，才能讓血流順暢不停滯。

首先，左右心房收縮，把血液送到心室。心室從心房接受血液後，擴張的心室收縮，將血液送至全身。而心房則擴張，準備做下一次的收縮。

● 心肌的特殊纖維製造心臟的韻律 ●

　　規律的心跳節奏和心房與心室收縮時機的絕妙搭配，是怎麼產生的呢？
原來是埋藏在心肌中的特殊纖維所擔當的「刺激傳導系統」所發揮的功用。
　　心跳的規律製造器是右心房上方的竇房結。這裡產生的電波刺激，先是
如波浪在整個心房擴張、收縮。傳到心房的刺激，接著到達心房與心室的
分界──房室結，然後再傳到希氏束、被稱為「右束支、左束支」的電線，
傳遍整個心室。心室即發出強烈的收縮。

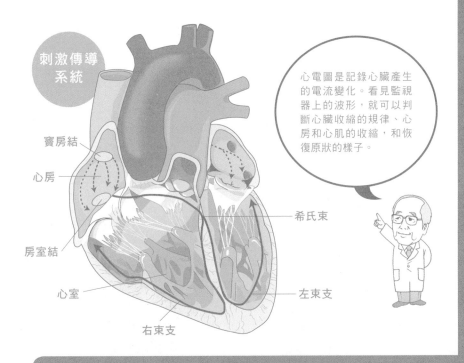

刺激傳導系統

竇房結
心房
房室結
心室
右束支
希氏束
左束支

心電圖是記錄心臟產生的電流變化。看見監視器上的波形，就可以判斷心臟收縮的規律、心房和心肌的收縮，和恢復原狀的樣子。

法醫學之眼 （ 心臟麻痺並不是
正式的死因 ）

　　在電視中常會聽到「心臟麻痺」的說法，但其實心臟麻痺並不是死因，造成死
亡的事物才是真正的死因。像是心肌梗塞、腦溢血、癌症、溺水和大量出血、窒
息等。
　　心臟麻痺並不是正式的名稱，只是單純說明心臟停止的狀態。細想起來，人死
亡時心臟一定會停止，這樣說來，所有人的死因不就都是心臟麻痺了，反而成了
笑話一則。

為什麼動脈是紅色，靜脈是藍色？

人體的圖片中大多將動脈畫成紅色，靜脈畫成藍色。
其實血管本身並沒有顏色，而是帶著白色。
動脈的血管需要強韌和彈性，才能夠接收從心臟猛力送出的血液，
並且傳送到全身。
因此動脈的血管壁很厚，三層結構的中央是厚實的肌肉層，
可柔軟地收縮、擴張血管。
從心臟衝出的力量，無法到達毛細血管連接的靜脈。
所以靜脈壁雖然也有肌肉層，但它比動脈薄一些。

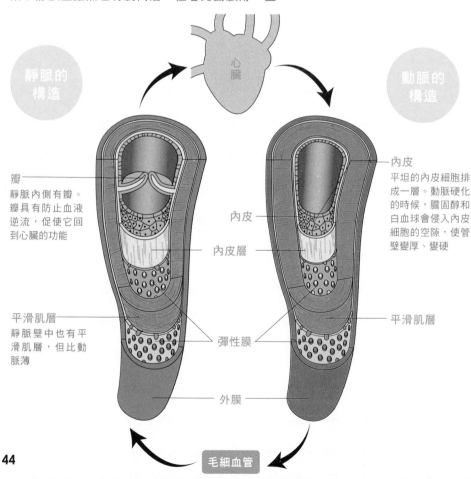

靜脈的構造

瓣
靜脈內側有瓣。
瓣具有防止血液
逆流，促使它回
到心臟的功能

平滑肌層
靜脈壁中也有平
滑肌層，但比動
脈薄

心臟

動脈的構造

內皮
平坦的內皮細胞排
成一層。動脈硬化
的時候，膽固醇和
白血球會侵入內皮
細胞的空隙，使管
壁變厚、變硬

內皮

內皮層

彈性膜

平滑肌層

外膜

毛細血管

動脈漸漸變細，末端連接毛細血管。
毛細血管的直徑只有 0.005-0.02 公釐，
呈網眼狀分布，所以叫做毛細血管網。
毛細血管的管壁也有像動脈、
靜脈的內皮細胞，排列成一層，
但並沒有肌肉層。

血液和身體的組織會透過毛細血管壁的細胞與細胞間，以及管壁的洞孔，交換氧氣、二氧化碳和營養等。

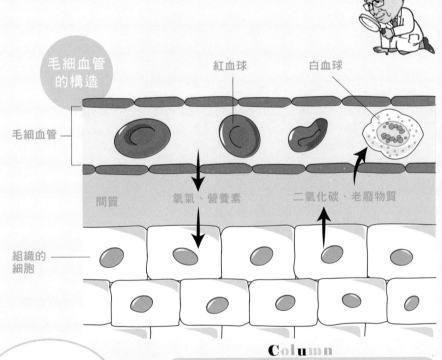

毛細血管的構造

紅血球

白血球

毛細血管

間質　　氧氣、營養素　　二氧化碳、老廢物質

組織的細胞

靜脈中的血液是暗紅色，但靜脈在比較表淺，血管壁較薄，所以透過皮膚看起來像藍色。

Column

切斷大動脈就一命嗚呼

　　動脈承受著強大的壓力，如果切斷，血液就會配合脈搏噴發出來。就算比較細的動脈受到損傷，都很難在其上直接按壓止血，由此可知大動脈若是被割斷的話，可就小命不保了。大動脈幾乎都位在身體的深處，若只是日常稍微割傷皮膚的程度，並不會傷到。但是像頸動脈、手腕的動脈、大腿根部等，摸得到脈搏的地方，動脈都在較淺處，要特別注意。

淋巴系統只有迴流循環 也負有免疫功能

● 與血管不同的體液循環源流 ●

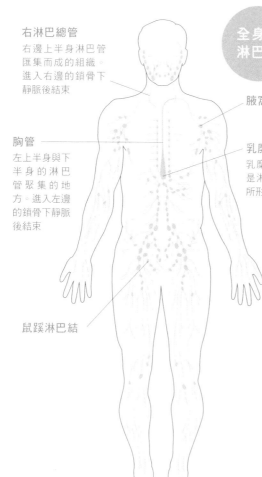

右淋巴總管
右邊上半身淋巴管匯集而成的組織。進入右邊的鎖骨下靜脈後結束

胸管
左上半身與下半身的淋巴管聚集的地方。進入左邊的鎖骨下靜脈後結束

鼠蹊淋巴結

全身的淋巴管

腋窩淋巴結

乳糜池
乳糜池看起來白濁，是淋巴液混和脂肪粒所形成的

　心臟和血管組成的血液循環終年不斷繞行全身，沒有終止。但是，淋巴系統只有迴流，有始有終。淋巴系統的源流，是毛細血管滲出到身體組織周圍的液體（間質液或組織液）。

　間質液是組織細胞和毛細血管間物質交換的媒介。部分間質液被毛細血管回收，送回到靜脈。部分進入淋巴管成為淋巴液。

● 淋巴管的終點站是穿過鎖骨下方的靜脈 ●

　　從身體末梢延伸出去的細淋巴管，漸漸匯流變粗，最後，下半身和左上半身的淋巴管進入左側鎖骨下靜脈，右上半身淋巴管進入右側鎖骨下靜脈。

　　淋巴管在多處位置形成淋巴結，尤其是頸部、腋下、鼠蹊、膝蓋後方等，都有很多。淋巴結是一種狀如豆子、大小約 1-25 公釐的組織。淋巴結中有淋巴球，它是白血球的一種。淋巴球會檢查淋巴液，處理細菌等異物。總之，淋巴系統擔負起免疫功能，是十分重要的器官。

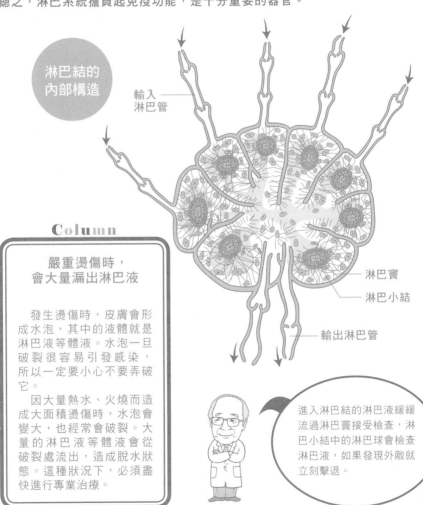

淋巴結的
內部構造

輸入
淋巴管

淋巴竇

淋巴小結

輸出淋巴管

Column

嚴重燙傷時，
會大量漏出淋巴液

　　發生燙傷時，皮膚會形成水泡，其中的液體就是淋巴液等體液。水泡一旦破裂很容易引發感染，所以一定要小心不要弄破它。

　　因大量熱水、火燒而造成大面積燙傷時，水泡會變大，也經常會破裂。大量的淋巴液等體液會從破裂處流出，造成脫水狀態。這種狀況下，必須盡快進行專業治療。

進入淋巴結的淋巴液緩緩流過淋巴竇接受檢查，淋巴小結中的淋巴球會檢查淋巴液，如果發現外敵就立刻擊退。

47

通過頸部的大血管
頸動脈，最易測到脈搏的部位

通過頸部的血管中，
輸送血液到腦部的血管是總頸動脈。
在喉頭左右兩側可以感覺到脈動，
直徑約為 7 公釐。
雖然非常細，但一旦被割斷，
就會因為高壓，而噴出猛烈的血液，
難以收拾。
左側頸總動脈發自總動脈弓，
右側頸總動脈發自頭臂幹。
兩側頸動脈沿食管、氣管和喉的外側上行。
頸動脈由於經過頸部這種較細的部位，
所以出現在較淺的地方。

頸部的
動脈與靜脈

顏面動脈 ————

顏面靜脈 ————

外頸動脈 ————

法醫學之眼 (用門鎖有可能吊死嗎？)

　　頸部壓迫致死的機制不只一種。既有像絞刑那種，全身重量瞬間施加在頸部，令頸髓造成損傷的方式，也有因氣管壓迫造成窒息，或是頸動脈封閉，血流無法流至腦中；頸靜脈封閉，腦中造成瘀血，阻礙動脈血流，以及壓迫頸部神經，造成心臟功能停止等方式。其中，只需要二公斤的重量就能封閉頸靜脈，所以在門鎖上綁住繩子吊住頸部，使體重施於頸部也一樣會致命。
　　用繩子絞緊頸部，雖然不易使行走皮下深處的總頸動脈受到壓迫，但行走淺處的內頸動脈卻會被壓迫到，血流產生阻滯。頸部、顏面、頭部都會引發強烈瘀血，並因腦部血流障礙（腦部缺氧）或氣管壓迫，而窒息死亡。

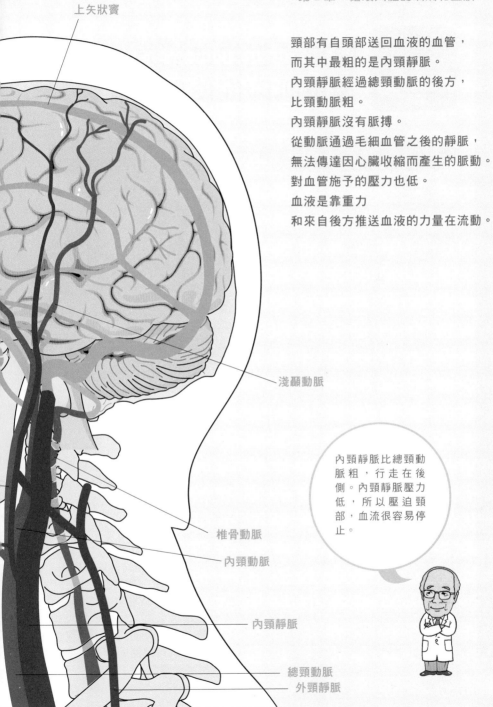

上矢狀竇

頸部有自頭部送回血液的血管，
而其中最粗的是內頸靜脈。
內頸靜脈經過總頸動脈的後方，
比頸動脈粗。
內頸靜脈沒有脈搏。
從動脈通過毛細血管之後的靜脈，
無法傳達因心臟收縮而產生的脈動。
對血管施予的壓力也低。
血液是靠重力
和來自後方推送血液的力量在流動。

淺顳動脈

內頸靜脈比總頸動
脈粗，行走在後
側。內頸靜脈壓力
低，所以壓迫頸
部，血流很容易停
止。

椎骨動脈

內頸動脈

內頸靜脈

總頸動脈

外頸靜脈

49

腿部靜脈的血流障礙會致命
運用肌肉促使血液流動

● 為什麼有人說「腿部是第二個心臟」？ ●

腿部靜脈

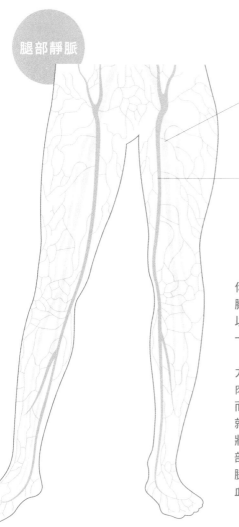

皮下有大量呈網狀分布的靜脈。

股靜脈
經過腿部中心，
與動脈反方向行走

大隱靜脈
行走於皮下淺部
的粗大靜脈

聽到「腿部是第二個心臟」時，你會不會以為那是因為腿部有心臟的穴道，或是因用腿部運動可以鍛鍊心臟和肺部呢？這其實是一種誤解。

因為腿部靜脈的血流必須反重力地流動，所以必須依靠腿部肌肉支持。肌肉收縮時靜脈會變粗，而伸展時變細，重複這個動作，就可以壓迫、舒展旁邊的靜脈，將血液輸送上去。也就是說，腿部是第二個心臟的說法，是來自腿部肌肉具有幫浦的功能，促進血液循環的關係。

● 血流一旦阻滯，就會形成血塊 ●

　　許多靜脈的內側都有瓣膜，防止血液逆流。腿部靜脈也有瓣膜，它的作用和肌肉的幫浦功能一樣，支持血流前進。

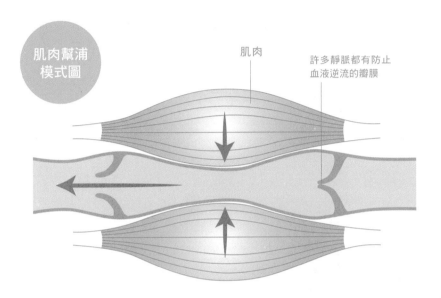

肌肉幫浦
模式圖

肌肉

許多靜脈都有防止
血液逆流的瓣膜

　　雖然如此，如果長時間坐著不動，腿部靜脈的血流就會變慢而停滯。血管中也會產生血塊，一旦血塊順著血流阻塞住某條血管，就會引發重大疾病。在飛機機艙內長時間保持同一姿勢，腿部血管內會形成血栓，步出機艙時血栓流出，就有可能引起肺栓塞而死亡。這種疾病叫做經濟艙症候群。

法醫學之眼 （與屍斑一起出現的枝狀血管網）

　　死亡經過一段時間後，屍體上會出現像樹枝狀、帶紅或帶青的網狀圖案，與稱為屍斑的變色不太一樣。這種狀態叫做枝狀血管網，經常出現在胸部上方或下腹部、大腿。

　　死後開始腐敗時，血管也逐漸腐敗。血管中的某些成分滲漏出來，透過肉眼便可從皮膚外表看見。皮下的皮靜脈本來就像大型網絡般分布，而滲出的成分沿著它的管道形成圖案，所以才有此名稱。

血液

脾臟切除也能存活，
身體不需要它嗎？

● 人體中知名度最低的器官 ●

　　脾臟的知名度相當低，不像肝、腎那麼為人所知，這是什麼原因呢？

　　其實，脾臟在血液、免疫上具有不可缺少的功能，是十分重要的器官。脾臟位於腹部的後側，隱藏在肋骨內側，所以從外表觸摸不到。脾臟有大量血液流經，所以呈暗紅色。

　　它可以分解老舊的紅血球，儲存血液，在身體需要血液時，自己收縮將血液送出去。胎兒在媽媽肚子裡時，脾臟就開始製造血液。

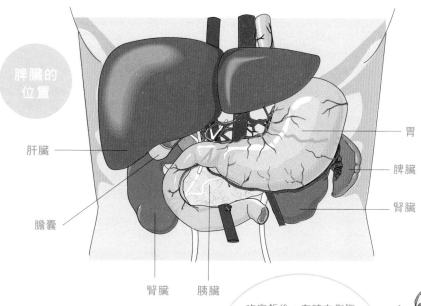

脾臟的
位置

肝臟

膽囊

腎臟　胰臟

胃

脾臟

腎臟

吃完飯後，有時左側腹會一陣疼痛。這應該是飯後血液集中到胃腸，脾臟必須將血液輸送到肌肉，而強烈收縮導致的疼痛。

● 脾臟也是淋巴系統的組織 ●

　　脾臟中有大量的淋巴球。它會製造攻擊病毒的抗體，吞噬侵入的外敵。這個功能與淋巴結相同，所以脾臟也被歸類為擔當人體免疫功能的淋巴系統。

　　雖然它的功能非常重要，但有時在治療血液疾病的狀況下，必須將脾臟摘除。總之，人類沒有脾臟也能生存。話雖如此，畢竟它是免疫上的重要角色，若是切除的話，未來就必須在免疫上多費心思。

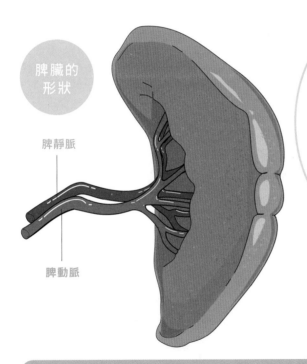

脾臟的
形狀

脾靜脈

脾動脈

看到脾臟的內部，會發現紅色部分分布著白色斑點。紅色部分叫做紅髓，有豐富的血管，因而呈現紅色，負責處理紅血球以及與血液相關的功能。白色斑點叫做白髓，是淋巴球集中的地方，與免疫功能有關。

法醫學之眼

（ 左側腹被踢中，
脾臟破裂而死的案例 ）

　　某人因為與人打架，左側腹遭到重踢，後來雖然有點疼痛，但看起來大致無礙，沒想到經過一段時間後卻死亡了。這個案例中，死者的脾臟雖然被踢到受傷，但外傷不嚴重，所以沒放在心上。可是受傷部位卻徐徐滲血到腹部，最後突然傷勢惡化而倒地不起。

　　不只是打架，車禍或摔倒都可能是脾臟破裂的原因，也有人在進行武術比試時受傷。了解脾臟的位置後，應特別小心那個部位不要受到撞擊或踢打。

血液

在全身流動的血液有多少？

以成年人來說，血液的量為體重的 8%，所以一個體重 60 公斤的人，體內約有 5ℓ 的血液。

人體 60% 是水分。其中 40% 在細胞內，15% 在細胞之間（間質液），而 5% 在血管裡。按這個比例計算，60 公斤的人，血管內的水有 3ℓ，看起來與前述「血液 5ℓ」的數字不合吧？不過，並不是如此。血液中有半數是紅血球、白血球等粒狀成分，所以水分只占整體的 55-60%。5ℓ×60% ＝ 3ℓ，計算是正確的。

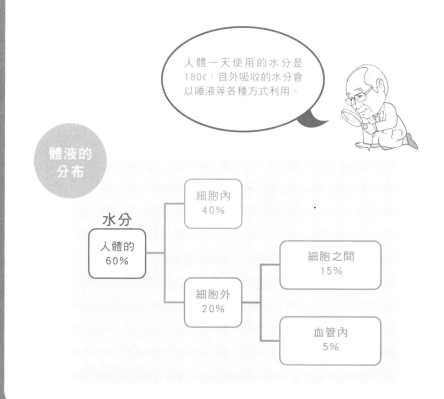

人體一天使用的水分是 180ℓ，自外吸收的水分會以唾液等各種方式利用。

體液的
分布

水分
人體的
60%

細胞內
40%

細胞外
20%

細胞之間
15%

血管內
5%

● 血液既是「宅急便」也是「自衛隊」 ●

循環不息的血液,如果有一天停止流動,人就會死亡。血液會將活動需要的氧氣和營養,從肺和消化器官送到細胞。同時,也將代謝產生的老舊廢棄物從細胞送到腎臟和肺等廢棄場。所以,這個功能一旦停止,全身的細胞便逐漸損壞,終至死亡。

此外,血液裡的白血球和抗體可擊退細菌或病毒,保護身體不受外敵侵害。而它還具有維持體液的礦物質或 pH 在一定狀態,保持全身體溫等功能。

血液的功能

1 搬運氧氣和營養素

2 回收老舊廢棄物

3 擊退外敵

4 體液性狀維持穩定

5 全身體溫保持正常

Column

血壓高的人,動脈破裂很容易大量出血

全身的血液有20%在動脈裡,80%分布在毛細血管和靜脈。其中,動脈的血壓很高,所以大動脈一旦破裂會猛然噴出大量血液,而陷入大出血的危險。動脈血只要失去25%(全身血液量有5ℓ的話:5ℓ×20% ×25%=250ml),就會致命。

然而,如果破裂的是靜脈血,失去一半也會死亡。只不過血管受到的壓力較低,所以不太會出現瞬間大失血的狀態。

血液裡含有什麼物質？

將血液放在離心分析儀中……

　　將血液放在試管裡，用離心分析儀檢測，可知血液分成兩層。沉在最下層的是紅血球等粒狀（血球）成分，占有全體的45%。它的上方有薄薄一層白血球和血小板，最上面清澄的液體成分，則是血漿。

　　紅血球靠著其中的血紅蛋白運送氧氣。白血球有好幾種，各有各的功能。但它們有個共通之處，就是在身體有病毒等異物入侵時，發揮防禦抵抗，和處理受損細胞的功能。而血小板則是在出血時，具有止血功能。

血液的成分

血漿成分
含有水、蛋白質、電解質、葡萄糖等

55%

白血球和血小板層

血球成分
大半為紅血球

45%

血液的成分分為液體的「血漿成分」和有形的「血球成分」兩種。

Column

紅血球的一生

　　紅血球由紅骨髓製造，進入血管中，繞行全身，進行氣體交換等。約有一百二十天的壽命，之後脾臟將它破壞送到肝臟，變成黃色的膽汁色素（膽紅素）。膽囊會將它收集起來，就成為膽汁。

　　吃進的食物從胃移送到十二指腸時，十二指腸乳突會打開，膽汁和胰液一同流入，混在通過的食物中，讓它較容易消化吸收。白色的米飯吃進肚裡變成黃色的大便，就是這個原因。紅血球將它們一一回收，變成大便排泄出去。

　　如果膽管出現結石阻塞了膽汁流過，會產生極度的劇痛。大便也會失去原有的黃色。一段時間後，膽囊裡脹滿的膽汁因為被血管所吸收，會全身發黃，進而引發黃疸症狀。

　　所以了解解剖學，就能更明確的理解疾病發生的原理。

● 血漿並不只是水！ ●

占有血液 55% 的血漿，並不只是單純運送紅血球等物質的水而已。

血漿中不但有蛋白質、鈉、鈣、鉀等礦物質，以及荷爾蒙、葡萄糖、脂質、二氧化碳、細胞老舊廢棄物質等，還包含了與血小板一同工作的止血成分。這些物質的循環，維持了血液 pH 值和滲透壓的平衡，也維持了人體所有功能的正常運作。

血球成分的功能

血小板
1ml 中有二十萬至四十萬個。有止血的功能

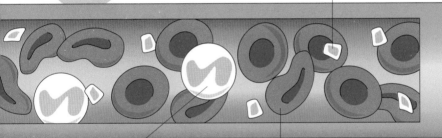

白血球
1ml 中有四千至八千個。分為嗜中性白血球、嗜鹼性白血球、淋巴球、單核球等種類。當細菌或病毒入侵身體時，具有擊退外敵的功能

紅血球
1ml 中男性約有五百萬個，女性約有四百五十萬個。其中所含的血紅蛋白會與氧結合，運送氧。血紅蛋白與氧結合後會變成鮮紅色，而放開氧後變成暗紅色

法醫學之眼 （一氧化碳中毒死亡，全身會變成粉紅色）

血紅蛋白是由蛋白質和鐵組成，它會與氧結合，將氧輸送到全身。正常狀態下它會與氧結合，但如果有一氧化碳存在時，它更容易與血紅蛋白結合，所以氧分子就被拋在一旁了。在這種狀況下，氧分子無法到達全身細胞，終於導致死亡。

血紅蛋白與一氧化碳結合時會變成鮮紅色，死後這種狀態也不會改變。因而一氧化碳中毒死亡的人，身體也會呈現粉紅色。

血液

血型不是只有ABO型
血型算命沒有根據？

● 血型是什麼的型？ ●

　　一般我們說的 ABO 血型，到底指的是什麼的型呢？是紅血球的形狀嗎？不是，血型是用紅血球上的蛋白質（抗原）類型來分類的，所以它與性格無關，依據 ABO 血型的性格分類，在醫學上沒有根據。

　　抗原分為 A 和 B 兩種。只具備 A 的是 A 型，只具備 B 的是 B 型，兩種都有的是 AB 型，兩種都沒有的則是 O 型。

　　Rh 血型也是跟紅血球有關的血型。根據膜上有沒有 Rh 因子的存在，而分為（＋）和（－）。據說，現在血型已有四百種以上。

ABO 式
血型的
檢查方式

在抗A血清與抗B血清中
加入血液混合，
視其有無凝集，
來斷定它的血型

不明血型的
血液

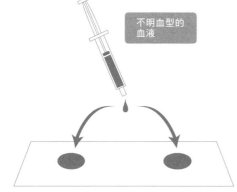

抗 B 血清　　抗 A 血清

O 型
約占日本人
的30%

不凝集　　　　不凝集

A 型
約占日本人
的40%

不凝集　　　　凝集

B 型
約占日本人
的20%

凝集　　　　　不凝集

AB 型
約占日本人
的10%

凝集　　　　　凝集

※ABO式血型是二十世紀初期由奧地利的病
理學家蘭德修泰納所發現。

● 白血球也有血型 ●

不只是紅血球有血型，白血球和身體的組織也都有「型」。最熟悉的稱之為 HLA（組織相容性抗原）。

HLA 型有幾種基因區，每個區都有數個到數十個類型。由於只從父母各遺傳一組，所以幾乎不可能與父母一致，但有可能與兄弟姊妹一致。

HLA 型在器官移植或骨髓移植時，容易產生問題。如果在 HLA 型的重要部分不能一致，就會引起排斥反應。

HLA 的型
（部分）

舉例來說，只看ABC區，一個人具有從父母一方得到的「A2・B12・Cw6」和另一方得到的「A201・B7・Cw1」

A 區 （27種）	B 區 （59種）	C 區 （10種）	DR區 （24種）	DQ區 （9種）	DP區 （6種）
A 1	B 5	Cw1	DR1	DQ1	DPw1
A 2	B 7	Cw2	DR103	DQ2	DPw2
A 203	B 703	Cw3	DR2	DQ3	DPw3
A 210	B 8	Cw4	DR3	DQ4	DPw4
A 3	B 12	Cw5	DR4	DQ5（1）	DPw5
A 9	B 13	Cw6	DR5	DQ6（1）	DPw6
⋮	⋮	⋮	⋮		

Column

母親和胎兒的血型不同沒關係嗎？

你的血型與母親的血型相同嗎？有人或許相同，但應該更多人是不同的。胎兒在母親的肚子裡成長，但血型卻不一樣，這是怎麼回事呢？

血型是繼承父母雙方的基因而決定的，所以如果母親是O型，父親是ＡＢ型，胎兒會是Ａ型或Ｂ型，與母親應該不同血型。然而，母親與胎兒是經由胎盤的組織來交換營養和氧，血管並沒有相連，所以胎兒在母親體內不會發生問題。

胎盤中有個裝置叫做絨毛間血液竇，母親血液中的血球成分不會移轉給胎兒，只會將營養、氧和免疫相關的成分傳送給胎兒。胎兒為了成長消耗這些養分，然後將老舊廢棄物排到絨毛間血液竇。母親接收之後，將它淨化。胎盤可以算是母子之間重要的聯絡基地。

過敏是免疫功能失控
防禦外敵的功能是？

擔任免疫重責大任的是白血球的同類

　　病毒或細菌等對人體有害的物質進入體內時，我們身體與之對抗的就是免疫系統。

　　免疫系統由白血球來負責執行。白血球有幾個種類，各司其職。有些白血球會將入侵的病毒一一吃掉，在第一時間防止病毒的侵略；有些是取得外敵入侵的訊息，對整個免疫系統發出指令；有些會製造抗體攻擊外敵；其他還有處理受到病原體侵入的細胞。在這些功能的防護下，就算第一次感染到疾病，但不會再次感染，而只會輕微反應。

Column

接受預防接種就不會生病嗎？

　　目前常見的預防接種有流感、麻疹、蕁麻疹、結核、白喉等。

　　預防接種的原理，是將用衰弱或死去的病原體，或是病原體釋出的毒素所製造的疫苗，注射在人體裡。讓人體對該種病原體產生抗體，假裝身體已經生過一次病的狀態。所以，一旦真的受到該種病原體的攻擊時，身體也不會發病，而是輕輕帶過。

　　而且，現在並沒有一種萬能疫苗可以對所有病原體都有效，有些疫苗無法完全防止發病，有些施打過幾年後便失效。

同一種敵人第二次入侵時，由於白血球記得第一次入侵的狀況，因此 B 細胞會立刻增殖，量產抗體將它擊退。

1. 細菌等外敵入侵，嗜中性白血球和巨噬細胞（單核球離開組織變化而成）會吃掉外敵將它處理掉（稱為噬菌作用）
   ※自然殺手細胞則靠獨自判斷，破壞癌細胞或受感染的細胞

2. 巨噬細胞將吸收的外敵碎片，出示給淋巴球的輔助 T 細胞，輔助 T 細胞認識敵人之後立刻增殖，並指示淋巴球的 B 細胞製造抗體

3. B 細胞製造抗體攻擊外敵。巨噬細胞將抗體黏著的敵人一一處理掉

4. 殺手 T 細胞接到輔助 T 細胞的指示，破壞被敵人入侵的細胞

5. 敵人消失後，抑制 T 細胞宣告攻擊結束

● 過敏是一種現代病？ ●

　　花粉症、支氣管氣喘、過敏性皮膚炎、食物過敏等過敏性疾病，用另一種說法就是免疫功能的失控。當免疫系統對食物、花粉等對人體無害的物質，產生過敏反應而進行攻擊時，就會發生上述的過敏症狀。會成為攻擊對象（過敏原）的物質，有杉樹、豚草等植物的花粉、蝦蟹等甲殼類、灰塵、蜱蟎、狗貓的毛和金屬等。

　　最近過敏增加的原因不詳，但一般認為環境和壓力是最主要的原因。

呼吸器官的入口在鼻子
以口呼吸是錯誤的呼吸法

● 呼吸在鼻不在口的重要功能 ●

　　呼吸不單只是空氣進出肺部。呼吸的真正目的是兩種「氣體交換」，一是在肺部吸收氧氣，放出二氧化碳，二是將氧送達全身的器官與組織，再回收二氧化碳。

　　呼吸的入口在鼻子。鼻孔入口處的鼻毛，可剔除吸入空氣時所含的髒污。鼻孔內側壁上有豐富的血管。鼻腔外側壁由上而下可見上中下三個鼻甲，使其中的鼻腔變得狹窄。這是為了提高吸入空氣溫度、濕度所做的設計。鼻腔的頂端則有感受氣味的嗅上皮。

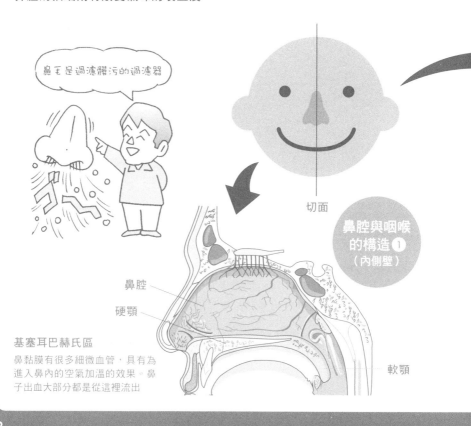

鼻毛是過濾髒污的過濾器

切面

**鼻腔與咽喉
的構造 ❶
（內側壁）**

鼻腔

硬顎

基塞耳巴赫氏區
鼻黏膜有很多細微血管，具有為進入鼻內的空氣加溫的效果。鼻子出血大部分都是從這裡流出

軟顎

● 鼻腔深處與口腔深處相連 ●

　　鼻腔的深處部分叫做鼻咽，左右鼻孔在這裡相連。鼻咽也是通向耳咽管的入口，與耳朵的中耳相連。鼻咽的下方，口腔深處的部分叫做口咽。口咽的下方是喉咽，由此與食道相接。前面連接到氣管，就是喉嚨的部分。

　　口部在咽頭處與喉頭相接，所以用口也可以呼吸。但是口裡沒有鼻毛，也沒有測知氣味的感覺器官。用口呼吸的話，喉頭會乾燥，容易被病毒入侵。因此，還是用鼻子呼吸較好。

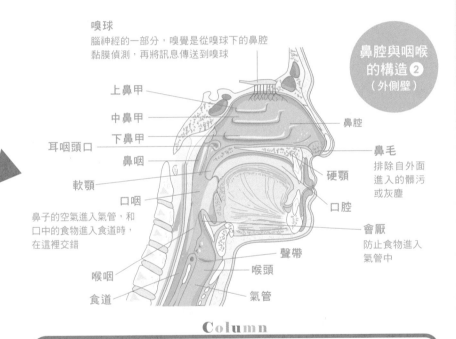

嗅球
腦神經的一部分，嗅覺是從嗅球下的鼻腔
黏膜偵測，再將訊息傳送到嗅球

**鼻腔與咽喉
的構造 ②
（外側壁）**

上鼻甲
中鼻甲
下鼻甲
耳咽頭口
鼻咽
軟顎
口咽
鼻子的空氣進入氣管，和
口中的食物進入食道時，
在這裡交錯
喉咽
食道

鼻腔
鼻毛
排除自外面
進入的髒污
或灰塵
硬顎
口腔
會厭
防止食物進入
氣管中
聲帶
喉頭
氣管

Column

鼻竇炎是連接鼻腔的小空間發炎

　　頭蓋骨有數個空洞，稱之為副鼻竇（參照13頁）。每個副鼻竇都與鼻子相連，內側也和鼻子一樣被黏膜所覆蓋。

　　當感冒等因素引起鼻子發炎，炎症擴展到副鼻竇時，就成為副鼻竇炎，也就是我們常說的鼻竇炎。鼻竇發炎時，會出現額頭、臉頰等副鼻竇所在之處，都會疼痛、頭腦昏沉、鼻塞、沒有嗅覺等症狀，有時會突然不斷流鼻水。

　　鼻中膈彎曲的人據說比較容易得副鼻竇炎。

喉頭聲帶發出聲音，
但製造語言的是口和舌

位於喉咽前方的喉頭入口，
有一塊軟骨叫做會厭。
它的功能在於防止食物進入氣管。
當有異物進入喉嚨或氣管，
或是因感冒而大量排痰時，
它的刺激就會到達腦幹的咳中樞，
下達「快點咳嗽排出」的指令，讓氣管不被阻塞。
於是會厭和聲帶會封閉，
橫膈膜和腹肌隨即運作起來
用力將肺中的空氣推出
同時猛力衝開會厭和聲帶，引發咳嗽。

假聲帶是喉頭兩側伸出皺褶狀的東西。空氣通過時，聲帶關閉，發出振動就會出聲。聲帶關閉有不同的方式，振動也會跟著變化，形成高低不同的聲調。

聲帶的
位置

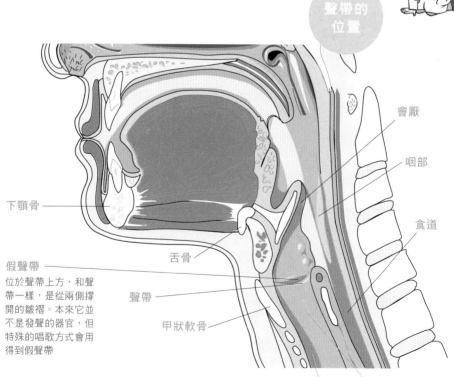

會厭

咽部

食道

下顎骨

舌骨

假聲帶
位於聲帶上方，和聲帶一樣，是從兩側撐開的皺褶。本來它並不是發聲的器官，但特殊的唱歌方式會用得到假聲帶

聲帶

甲狀軟骨

氣管　　喉頭

喉頭中有兩組皺褶撐開在兩側。

位於上方的是室襞（假聲帶），下面是聲帶。

只有呼吸時，聲帶不會動。

聲帶緊張時，通道會變得狹窄。

空氣通過時，聲帶振動就會發出聲音。

聲帶的封閉方式會改變「振動方式＝振動數」，發出高低不同的聲音。

運用口、舌、唇、鼻將這聲音加以變化，就成為語言了。

一般認為臉型、喉嚨的形狀相似者，就會發出相似的聲音。

這也是為什麼親子之間不但長得像，連聲音都相似。

聲帶的形狀

呼吸時聲帶打開，空氣順利進出。
發聲時聲帶會稍微閉合，
空氣通過聲帶的空隙時，聲帶會振動發出聲音。
聲音通過口、舌、喉嚨等，形成回聲即是聲音或語言。

呼吸時

出聲時

臉形相似的人，可能比較容易模仿。

法醫學之眼 （檢查喉嚨深處，探究死因）

　有被燒死或溺死的嫌疑時，就必須判斷死者在火燒或溺水時，是否還活著。如果當時還活著、有呼吸，在這種狀態下遭到火吻，煙灰會進入氣管。若是死後才被燒到的狀態，氣管裡不會有煙灰出現。

　溺死的例子也是一樣。遭到溺斃時，水會進入氣管，但若是死後才沉入水中，氣管幾乎不會進水。另外，溺斃的狀態下，水中的浮游生物會從肺部進入血液。如果當時還活著，浮游生物便會順著血流到達肝臟或腎臟。從解剖的檢查中，就可以確認。

支氣管

氣管與支氣管
不會被壓扁嗎？

● 伸縮吸管狀的氣管和支氣管 ●

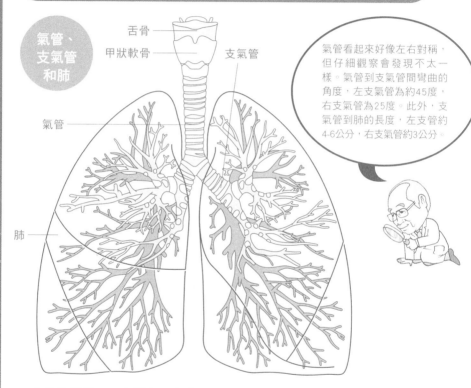

氣管、
支氣管
和肺

舌骨

甲狀軟骨

支氣管

氣管

肺

氣管看起來好像左右對稱，但仔細觀察會發現不太一樣。氣管到支氣管間彎曲的角度，左支氣管為約45度，右支氣管為25度。此外，支氣管到肺的長度，左支管約4-6公分，右支氣管約3公分。

　　食物的通道──食道會配合通過食物的大小擴張。但是，氣管和支氣管通過的只有空氣，所以並不會在空氣通過時擴張。因此，氣管和支氣管的四周，被很多軟骨包圍，看起來像是伸縮吸管，也因而它不會被壓扁，以維持其中的空間。

　　接在喉頭下方，筆直通過喉嚨的是氣管，分成左右兩邊進入肺的是支氣管。左支氣管因為要避開偏左的心臟，所以角度和長度都和右邊不同。

● 肺中分成樹枝狀的支氣管 ●

　　左右肺各連接一條支氣管，進入肺部後立刻成樹枝狀分開，最後成為直徑不到 1 公釐的小管連接末端的肺泡。支氣管變得愈細，包圍它的軟骨也變得愈不規則，然後消失。

　　氣管與支氣管內側都包裹了一層黏膜。黏膜上的細胞有纖毛，還有另一些分泌黏液的細胞。不小心滑過鼻毛和喉嚨的小異物，會黏在黏液上，經由纖毛向外傳送出去。

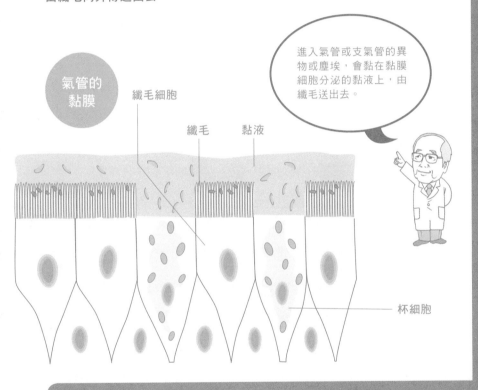

進入氣管或支氣管的異物或塵埃，會黏在黏膜細胞分泌的黏液上，由纖毛送出去。

氣管的黏膜

纖毛細胞

纖毛　　黏液

杯細胞

法醫學之眼 （ 絞首死亡的屍體可看出的症狀 ）

　　因意外或人為（自己主動或他人執行）而絞首死亡的狀況，未必是因為氣管完全阻塞而斃命。因為周圍軟骨的保護，氣管並不容易壓扁。不過，話雖如此，用繩子或手緊掐脖子的狀況，有可能造成甲狀軟骨和舌骨斷裂。

　　脖子一旦被絞住，臉和頭部會發生瘀血。眼白部分（眼瞼結膜）和皮膚會出現點狀出血，有時也會鼻子出血。另外，頸部的皮膚上，會留下絞緊的繩子或手指痕跡。

肺

不論怎麼呼氣
肺裡還是留有空氣

● 有了肺當浮球，不論是誰都能游泳 ●

　　肺將心臟夾在中間，左右各有一葉。右肺有三片，分為上葉、中葉和下葉；左肺為上葉和下葉兩片。周圍有兩層胸膜包覆，而兩層膜之間，裝有液體稱為「漿液」。

　　我們用最大力氣吸氣，再最大力吐出的空氣量，叫做肺活量。此外，不論怎麼用力吐氣，肺中仍留有 1000-1500ml 的空氣（餘氣量）。這是因為支氣管和肺泡並不會完全凹扁的關係。

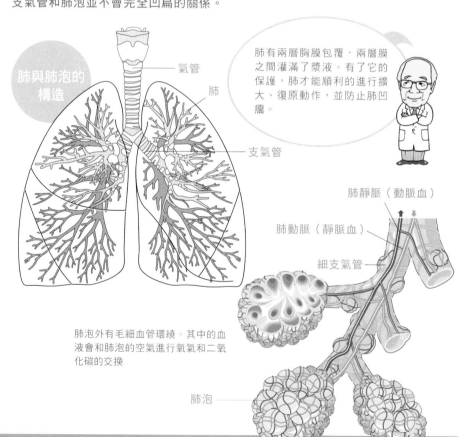

肺與肺泡的構造

氣管

肺

支氣管

肺有兩層胸膜包覆，兩層膜之間灌滿了漿液。有了它的保護，肺才能順利的進行擴大、復原動作，並防止肺凹癟。

肺靜脈（動脈血）

肺動脈（靜脈血）

細支氣管

肺泡外有毛細血管環繞。其中的血液會和肺泡的空氣進行氧氣和二氧化碳的交換

肺泡

氣體交換的場地是直徑0.1公釐的肺泡

支氣管末端連接著一串葡萄狀的小圓肺泡。所有肺泡的表面積加起來有70-80 平方公尺，若換算成榻榻米約有 45 床。

人體吸取氧、排出二氧化碳的氣體交換工作，就是在肺泡完成的。氣體交換所運用的原理，叫做「擴散」現象。所謂擴散是不同濃度的物質接觸後，濃度高的一方會向濃度低的一方移動。肺泡中的新鮮空氣含氧多，而肺泡周圍毛細血管裡帶二氧化碳多，所以兩者之間很自然地進行空氣交換。換句話說，肺藉由呼吸將靜脈血變換成動脈血。

呼吸與肺容量的變化

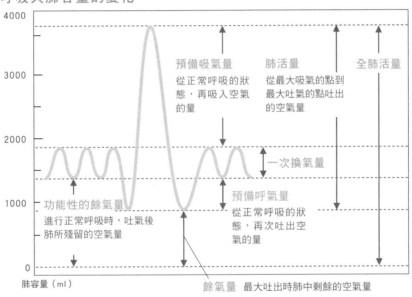

肺容量（ml）

餘氣量　最大吐出時肺中剩餘的空氣量

Column

不加重物　屍體沉不下去

想把屍體丟入海中的時候，若不加重物無法沉到海底。這是因為呼吸停止後，肺中仍有空氣殘留，發揮了浮球般的功能。

但是，就算加了重物沉下去之後，屍體還是會浮起來。因為人體死後開始腐爛，體內會產生大量的氣體。腐敗的氣體讓人體膨脹，並因此而浮了上來。在日本這種情形稱為「土佐衛門」，因為膨脹的屍體就像從前一個名叫成瀨川土佐衛門的力士，而有此稱呼。

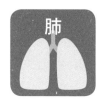

肺不會自己膨脹收縮

● 呼吸的原動力與打嗝一樣，都在橫膈膜 ●

　　肺不會自己擴張或收縮。空氣進出肺部，全靠著外部的某個組織在驅動肺的關係。

　　最主要的原動力是橫膈膜和肋間肌。橫膈膜是隔開胸部和腹部的圓頂狀肌肉。這部分收縮，圓頂就降低，這部分擴張就膨脹。打嗝就是橫膈膜的痙攣。

　　位於左右肋骨之間的肋間肌，能推動肋骨膨脹或收縮胸腔。胸腔一膨脹，其中的肺部也會膨脹，空氣隨之進入。

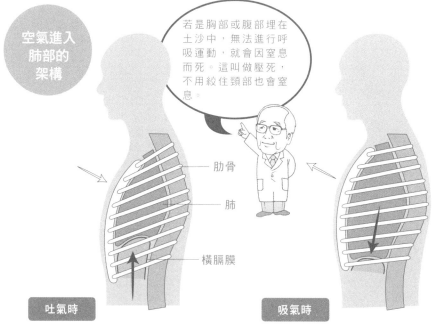

空氣進入肺部的架構

若是胸部或腹部埋在土沙中，無法進行呼吸運動，就會因窒息而死。這叫做壓死，不用絞住頸部也會窒息。

肋骨

肺

橫膈膜

吐氣時

橫膈膜弛緩上升，胸腔變得狹窄，而把空氣吐出來。肋間肌用力會讓肋骨下降，胸腔恢復原狀，而把空氣吐出來。

吸氣時

橫膈膜收縮下降，胸腔擴張吸入空氣。肋間肌用力把肋骨推高，胸腔擴張則吸入空氣。

● 用力吸氣、吐氣的時候？ ●

　　當我們氣喘或是在進行呼吸功能檢查，用力吐氣的時候，會使用到頸部和肚子的肌肉。

　　氣喘時下顎會上抬，這是因為頸部肌肉拉起胸廓（胸骨、肋骨、胸椎形成的框），讓胸腔膨脹變大，進而上推到下顎的關係。

　　進行腹式深呼吸的時候，或是用力吐氣、大聲說話的時候，腹直肌、內外腹斜肌等腹肌群也都會用到。

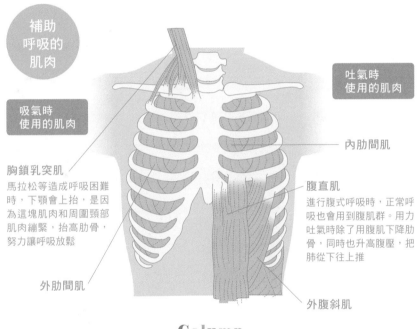

補助呼吸的肌肉

吸氣時使用的肌肉

吐氣時使用的肌肉

內肋間肌

胸鎖乳突肌
馬拉松等造成呼吸困難時，下顎會上抬，是因為這塊肌肉和周圍頸部肌肉繃緊，抬高肋骨，努力讓呼吸放鬆

腹直肌
進行腹式呼吸時，正常呼吸也會用到腹肌群。用力吐氣時除了用腹肌下降肋骨，同時也升高腹壓，把肺從下往上推

外肋間肌

外腹斜肌

Column

小嬰兒為什麼容易打嗝

　　剛出生的嬰兒經常打嗝。喝完奶之後還沒做什麼動作，就突然打起嗝來，有時候還會持續一段時間。由於寶寶的橫膈膜還未成熟，因而對刺激很容易有反應。

　　令人驚訝的是，胎兒也會打嗝。當肚子感到「咯、咯」的規律動態時，應該就是胎兒打嗝了。胎兒到了某個時期後，也會運用橫膈膜將羊水吸入或吐出肺，進行呼吸的練習。

第 3 章

人體的能量與生命的

～ 消化器官・泌尿器官・生殖器官 ～

我們攝取水和食物，

做為製造能量和身體的原料。

將這些物質吸收，

並將不需要的物質排泄出來的是消化器官。

同樣地，泌尿器官具有淨化體內的功能。

本章中將解開消化器官和泌尿器官之謎，

並且來看看執掌生命誕生的生殖器官。

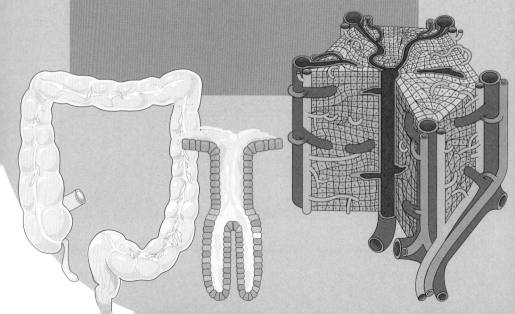

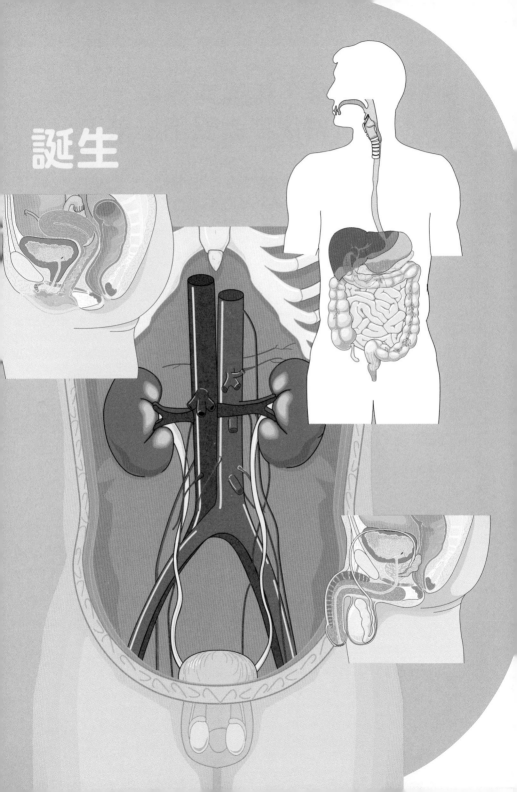

誕生

齒

乳牙、恆齒有幾顆？
恆齒拔了就長不出來了

● 乳牙誘導恆齒的生長！ ●

牙齒的構造

※用牙齒咀嚼食物，對健康非常的重要。咀嚼的動作對腦的活化也有幫助。

乳牙

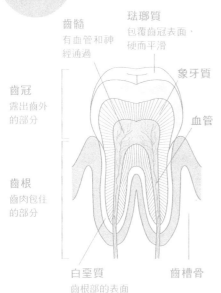

齒髓
有血管和神經通過

琺瑯質
包覆齒冠表面，硬而平滑

象牙質

齒冠
露出齒外的部分

血管

齒根
齒肉包住的部分

白堊質
齒根部的表面

齒槽骨

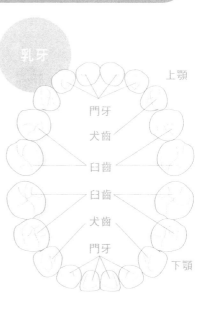

上顎

門牙

犬齒

臼齒

臼齒

犬齒

門牙

下顎

※每個人乳牙開始生長的時期和長出的順序，都有很大的差距，有些小孩出生時就已看得到牙齒冒出頭，有些孩子一歲才開始長

　消化器官是與食物消化吸收有關的器官。它的入口處是口，口中的牙齒負責將食物咬碎，舌頭移動食物感覺味道，還有唾液腺分泌含消化酵素的唾液。

　寶寶成長至約六、七個月時，第一顆乳牙就會從下方中央長出，二至三歲時就會長齊二十顆乳牙。

　乳牙較小而且較弱，所以會配合下顎的成長和食物的變化，而漸漸被較大而硬的恆齒所取代。乳牙會誘導恆齒的生長路徑，並且被恆齒往上推而掉落。

● 恆齒的根基從胎兒時期就在顎內形成 ●

　　乳牙會在約五至六歲時掉落，替換成恆齒。但是，恆齒的根基卻是在胎兒時期，就從顎骨中形成。恆齒會隨著成長而漸漸完成，在乳牙的下方做好準備。乳牙的根基漸漸鬆動，到了某一天就會脫落，恆齒便從下方探出頭來。

　　恆齒全部共三十二顆，最裡面的智齒長出時約在二十歲。恆齒不會再生，所以一旦因牙周病而失去牙齒，一生都不會再長回。

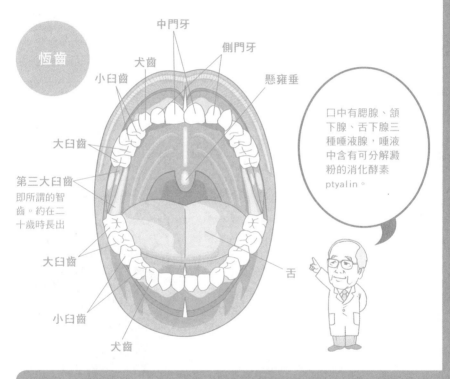

恆齒

中門牙

側門牙

犬齒

小臼齒

懸雍垂

大臼齒

第三大臼齒
即所謂的智齒。約在二十歲時長出

大臼齒

小臼齒

犬齒

舌

口中有腮腺、頜下腺、舌下腺三種唾液腺，唾液中含有可分解澱粉的消化酵素ptyalin。

法醫學之眼　（ 查證身分的線索──牙齒 ）

　　牙齒是人體中最硬的物質，所以就算屍體燒燬、腐敗，大多數時候都還能保持原有的形狀。因此，牙齒便成為推測遺體身分的重要線索。

　　從乳牙或恆齒的成長狀況，也可以推測年齡。另外，如果有治療過的痕跡，還可配合病歷表，確認個人身分。從牙齒的磨耗、蛀牙的情形、治療方式等，還可推測個人的職業、生活水準、教養等。例如，做過多次自費治療的人，就可以推測他的經濟狀況應該相當富裕。

消化器官

消化管全長有多長？
益生菌、害菌滋生之地

● 從口到肛門，消化管約有九公尺長？ ●

消化管是從口吃進的食物，最後成為糞便從肛門排泄出去的通道，全長約九公尺，由食道、胃、小腸（十二指腸、空腸和迴腸）、大腸（結腸和直腸）所構成。

另外，胰臟和肝臟、膽囊在消化管注入消化液，將吸收的營養素合成、分解，也是消化器官的夥伴。

● 腸中有一百種以上的細菌滋生 ●

消化管是貫通人體的「孔」，可以通到外界，所以從上到下都有多種多樣的細菌棲生。有些像大腸乳酸菌般，對人體有益的益生菌，但也有像大腸菌或胃幽門桿菌般，可能有害人體的害菌。

腸內細菌保守估計也有一百種以上，全部應該有一百兆個。由於全身的細胞共有六十兆個，可以說與近兩倍數量的細菌一起共存。腸內細菌的總重量約達1.5公斤，多數都在大腸裡。而我們大便中有半數是腸內細菌和它們的屍骸。

※幽門桿菌：正式名稱為幽門螺桿菌，它在強酸中也能生存。與胃黏膜的發炎、潰瘍和癌症都有關係。

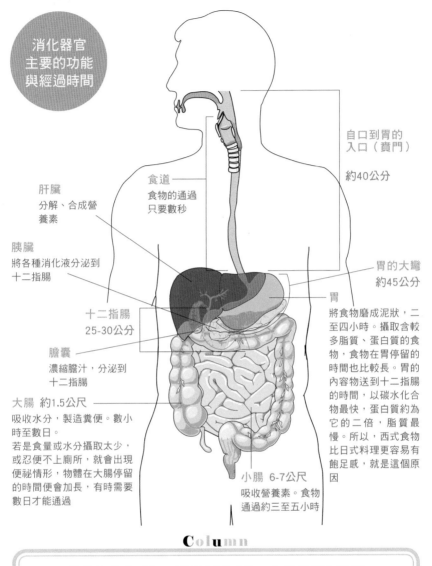

消化器官主要的功能與經過時間

自口到胃的入口（賁門）
約40公分

食道
食物的通過只要數秒

肝臟
分解、合成營養素

胰臟
將各種消化液分泌到十二指腸

胃的大彎
約45公分

胃
將食物磨成泥狀，二至四小時。攝取含較多脂質、蛋白質的食物，食物在胃停留的時間也比較長。胃的內容物送到十二指腸的時間，以碳水化合物最快，蛋白質約為它的二倍，脂質最慢。所以，西式食物比日式料理更容易有飽足感，就是這個原因

十二指腸
25-30公分

膽囊
濃縮膽汁，分泌到十二指腸

大腸　約1.5公尺
吸收水分，製造糞便。數小時至數日。
若是食量或水分攝取太少，或忍便不上廁所，就會出現便祕情形，物體在大腸停留的時間便會加長，有時需要數日才能通過

小腸　6-7公尺
吸收營養素。食物通過約三至五小時

Column

消化管若是受傷，引起細菌感染，有可能轉為重病

　　若是銳器刺入等狀況造成消化管受傷，管中的細菌就會流到腹中（腹腔中）。腹腔本是無菌狀態，若是大量細菌進入，引起感染，就會導致腹膜炎等病症。嚴重時，甚至可能死亡。雖然看起來傷口小，出血量不多，但很可能因刺得太深傷到消化管，千萬不可輕忽。

胃

吞嚥食物
為什麼不會嗆到？

　　食物從口進入食道，空氣從鼻子進入氣管，這兩條路徑在喉嚨交叉。但是，食物還是正確無誤的通過食道送到胃，卻不會進入氣管。這是因為氣管入口的會厭軟骨在吞嚥的同時，會在氣管的頭蓋上蓋子。

　　用手靠在喉結附近，然後嘗試一下吞嚥的動作，你便會發現喉頭的凸起會「咕嘟」地往上跑。此時，喉嚨中會厭軟骨會向後側倒，將氣管蓋住。

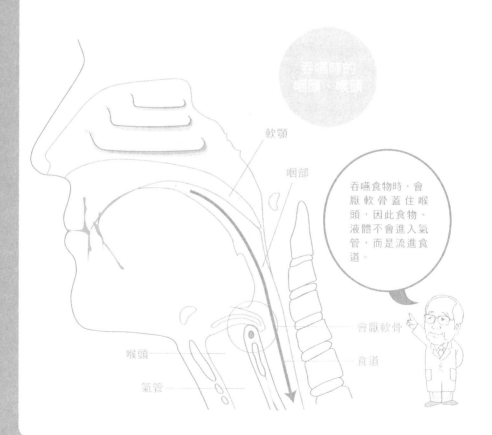

吞嚥時的
咽部、喉頭

軟顎

咽部

吞嚥食物時，會厭軟骨蓋住喉頭，因此食物、液體不會進入氣管，而是流進食道。

會厭軟骨

食道

喉頭

氣管

● 倒立、無重力，食物都會進入胃中！ ●

咽頭延伸下去的食道只有通過食物的功能，不會分泌出消化液。不過，它也並不只是一根管子而已，食道壁的肌肉會製造出蠕動運動，將食物往胃的方向推送。

通常，我們坐著吃飯的時候，食物會藉由重力作用自然流到胃部。但是，就算躺在床上、倒立，或是在無重力的太空中，吞嚥下的東西還是會被送進胃裡。這就是食道蠕動運動的功用。

Column

到了高齡容易嗆到水

一旦到了高齡，會厭軟骨蓋住氣管的功能會減弱，尤其是在喝茶、湯等水分時，很容易嗆到。

食物進入氣管稱為誤嚥，誤嚥而引發的肺炎就叫「誤嚥性肺炎」。尤其是對臥床的高齡者來說，它會是健康上的一大問題。

解決的方法，包括增加水分的稠度，以減緩食物通過喉嚨的速度，或是吞嚥時直起身體，稍微收起下巴，這樣比較不會嗆到。

最容易發生誤嚥情形的人，多半是高齡老人。通常因腦梗塞等腦部病變，造成會厭動作遲鈍，是容易誤嚥的一大原因。排名第二的，是腦功能尚未發育完全的幼兒，第三名是成年人。喝醉酒或藥物中毒而神智不清、腦功能低落時，也容易發生誤嚥。

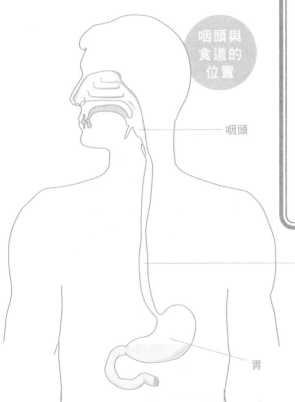

咽頭與食道的位置

咽頭

食道
在喉嚨和支氣管分成左右的地方，以及通過橫膈膜的地方，都會稍微變細（生理性的狹窄部）。食物在這裡容易哽住

胃

胃酸為什麼
不會把胃本身消化掉？

連接食道的胃究竟可以容納多少東西？
完全沒進食、呈癟平狀態的胃只有 100ml。
但吃、喝進食物之後，它可以膨脹到 1ℓ 以上。
從食道進入胃的地方叫做賁門，
通往十二指腸的出口叫做幽門。
食道將食物送進來時，賁門打開，幽門關閉。
所以，食物並不會直接流入十二指腸。

胃壁有三層肌肉。它
不斷蠕動，將其中的
食物與消化液充分混
合，進行消化。

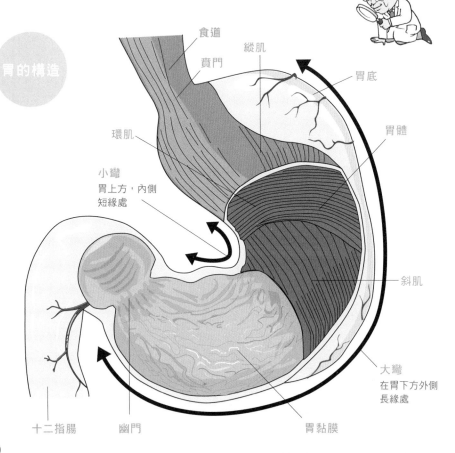

胃的構造

食道

賁門

縱肌

胃底

環肌

胃體

小彎
胃上方，內側
短緣處

斜肌

大彎
在胃下方外側
長緣處

十二指腸　　幽門

胃黏膜

胃部會留住食物一定時間，
用 pH2 強酸和消化酵素之力，
將米飯、青菜、肉等食物融解成糜狀。
pH2 的酸性若是潑在皮膚上，
會造成嚴重的燒傷，是極強的酸。
但胃裡充滿了強酸，本身卻不會被融解，
全靠胃壁分泌的黏液保護。
黏液會包住胃壁，
胃酸停留在黏液上，
所以不會將胃體融解。
食物停留在胃的時間，
視食物本身的性質來決定。
蛋白質較多的食物，
會在胃中停留較久時間。

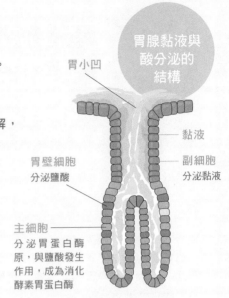

胃腺黏液與酸分泌的結構

胃小凹

胃壁細胞
分泌鹽酸

主細胞
分泌胃蛋白酶原，與鹽酸發生作用，成為消化酵素胃蛋白酶

黏液

副細胞
分泌黏液

胃液（1.5-2.5ℓ／日）所含的成分，以及與消化酵素的作用

成分·消化酵素	作用
鹽酸（HCl）	將胃蛋白酶原變成胃蛋白酶
胃蛋白酶	胃先分泌出胃蛋白酶原，經鹽酸作用成為胃蛋白酶 胃蛋白酶分解蛋白質，成為胜肽（胺基酸連接成的物質）
胃解脂酶	將脂質分解為脂肪酸和甘油

法醫學之眼（從胃殘留的內容物來推測死亡時間）

　屍體胃或腸中殘留的內容物，是推測何時死亡的重要依據。食物會在胃中停留一定時間，而且每一種食物消化所需時間也不盡相同，所以我們會檢驗死者生前吃下什麼東西，殘留什麼樣的形狀，來判斷死亡時刻。如果有訊息可知他生前何時吃下什麼，就可以更精確地推斷出來。

　不過，推測死亡時間不是僅靠著胃內容物就可以決定，必須合併體溫、屍斑、屍僵、腐敗進行狀態等資訊一起考量。

　除了胃內容物外，膽囊內的膽汁量也是一項參考依據。食後經過三十分鐘，胃的內容物開始移入十二指腸。此時膽汁會流入十二指腸，與食物混在一起。食後一小時左右，膽囊內已經沒有膽汁。空腹時會積蓄膽汁，所以從胃內容物和膽囊內膽汁的關聯，便可以推測死亡時間。

腸

算起來不是「十二隻手指長度」的十二指腸

● 連接胃與小腸的「C」型管 ●

十二指腸這個名字來自於「長度有十二隻手指長」。測量人體的時候，有一種方法是可以將手指橫倒排列，以手指數做為單位，測量人體有「〇橫指」。一橫指約 1.5 公分，十二橫指就是 18 公分，而十二指腸的長度有 25-30 公分，所以其實與計算不合。不過，十二其實是翻譯自英文的「12 英寸」，並沒有手指的意義。

胃的內容物成為糜狀之後，幽門打開，糜漿一點一點地流入十二指腸。在十二指腸內，內容物與胰臟、膽囊送來的消化液混合，中和了酸性，送往小腸做進一步消化。

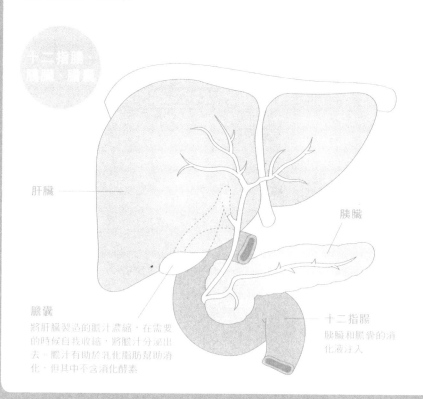

十二指腸、胰臟、膽囊

肝臟

胰臟

膽囊
將肝臟製造的膽汁濃縮，在需要的時候自我收縮，將膽汁分泌出去。膽汁有助於乳化脂肪幫助消化，但其中不含消化酵素

十二指腸
胰臟和膽囊的消化液注入

● 膽汁不是「消化液」？ ●

十二指腸的彎曲部分，正好有胰臟嵌入，而十二指腸上方肝臟下方之處，則有膽囊貼附其上。從胰臟注入胰液的管和膽囊注入膽汁的管，延伸到十二指腸的乏特氏乳頭。

胰液中含有消化碳水化合物、蛋白質、脂質的消化酵素。膽汁中則含有從老舊紅血球回收的物質和膽固醇，有幫助脂質吸收的功能，但不含消化酵素。而且膽汁也不是「含消化酵素可幫助消化的消化液」。

膽汁中有從老舊紅血球回收的物質和膽固醇！

食物會被推進十二指腸進行消化吸收。

不含消化酵素！

法醫學之眼 （ 人死後從消化器官 開始融解 ）

人體死亡後會立刻開始融解。消化器官裡有強力的消化酵素，人體一旦死亡，胃黏液等保護自我的組織都不再運作，所以就會漸漸地將自己的組織消化掉。

除了消化官以外，人體還有許多種酵素，在這些酵素的運作下，紅血球和全身細胞都會隨之融解。由於酵素在接近體溫的溫度下最為活潑，所以融解的速度也會視屍體放置處的溫度而快慢不同。

小腸的營養吸收細胞
只有一天的壽命？

● 小腸其實是免疫功能的中心！？ ●

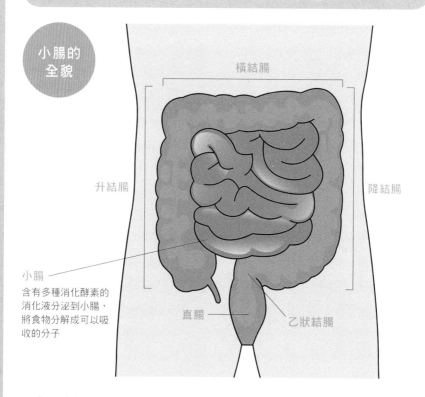

小腸的
全貌

橫結腸

升結腸

降結腸

小腸

含有多種消化酵素的
消化液分泌到小腸，
將食物分解成可以吸
收的分子

直腸

乙狀結腸

　　小腸的前五分之二是空腸，其他五分三則是迴腸 ※。空腸壁的肌肉層稍厚，蠕動活潑，可將內容物往前推進，所以解剖時幾乎都是空的，因而獲得這個名字。

　　小腸的黏膜上有許多淋巴組織，尤其迴腸的部分分布很多。消化管接收的是外在進來的東西，所以必須準備擊退對身體不好的物質。因而事實上，人體中 60-80% 的免疫功能是由小腸和大腸來負責的。

※ 正確來說，十二指腸也是小腸的一部分。一般說到小腸，多指空腸和迴腸。

● 吸收營養的工作大半是在小腸進行 ●

　　小腸的主要功能是吸收營養。內側擠了許多皺襞，皺襞表面布滿了細細的絨毛。再放大一點看，每一個製造絨毛的細胞，都還長著微絨毛。因此，六公尺長的小腸表面積可達二百平方公尺。

　　絨毛上排列的營養吸收細胞，在消化液的幫助下，吸收分解成小分子的營養素，運送到血管和淋巴管去。營養吸收細胞一天之內完成任務後，會從小腸中脫落。

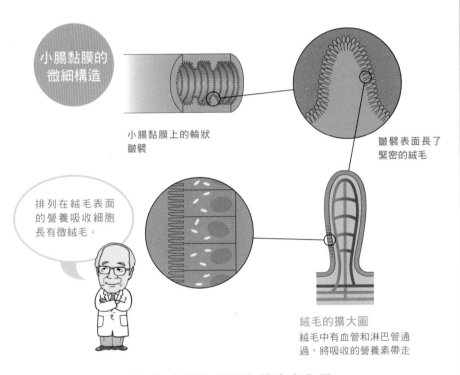

小腸黏膜的
微細構造

小腸黏膜上的輪狀
皺襞

皺襞表面長了
緊密的絨毛

排列在絨毛表面
的營養吸收細胞
長有微絨毛。

絨毛的擴大圖
絨毛中有血管和淋巴管通
過，將吸收的營養素帶走

腸液（1.5-3ℓ／日）中所含的消化酵素與作用

消化酵素	作用
蔗糖酶、乳糖酶等	將碳水化合物的蔗糖和乳糖分解成葡萄糖等單醣類
肽酶	將蛋白質或胜肽分解成胺基酸
解脂酶	將脂質分解成脂肪酸和甘油

「盲腸炎」
不是盲腸發炎！？

● 小腸鑽入大腸裡！？ ●

　　小腸在右下腹與大腸連接，它如同鑽進大腸一般，這個部分叫回盲部，有個防止內容物逆流回小腸的瓣。

　　回盲部不在大腸的末端，而是在斜側的一邊。在它之下的大腸成了死角，就是盲腸。由於死角成為袋狀的地方叫做盲端，盲腸因而得名。

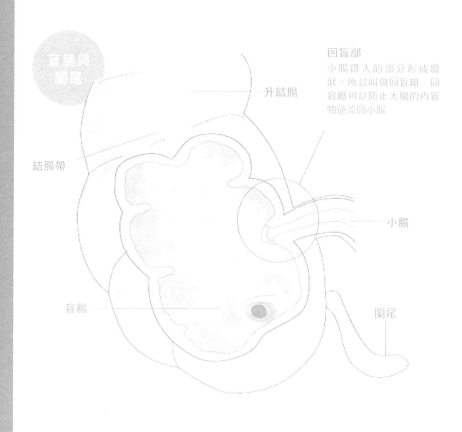

盲腸與
闌尾

升結腸

回盲部
小腸鑽入的部分形成瓣狀，所以叫做回盲瓣。回盲瓣可以防止大腸的內容物逆流回小腸

結腸帶

小腸

盲腸

闌尾

● 吊垂在盲腸下的闌尾 ●

闌尾炎的
症狀

胸口下疼痛
或不舒服

時間一久，
疼痛轉到右下腹
部，尤其是緩緩壓
右下腹部再放開時，
會感到疼痛

發燒

嘔吐

沒有食欲

Column

闌尾炎的疼痛
未必在右下腹部

闌尾雖在右下腹部，但它發炎時，那個部位未必會疼痛。闌尾炎最大的特徵就是胸口附近的疼痛，伴隨著發燒和嘔吐，食欲也會減退。經過一段時間後，疼痛才會轉移到右下腹部。

近年來對於闌尾炎的醫療處置，已不用立即開刀，而是用投藥的方式來治療。但是若置之不理，導致發炎惡化，闌尾可能破掉而使膿或感染蔓延到腹中，引發腹膜炎，甚至成為重症，千萬不可輕視。

盲腸的末端垂著闌尾。俗稱的「盲腸炎」並不是盲腸發炎，而是闌尾發炎，所以正確應叫做闌尾炎。當腸部的內容物流到袋狀的闌尾中時，就會引起發炎。

闌尾的功能現在還不清楚。不過就算切除，對人體也沒有太大影響。但是，它是草食動物體內消化所需的益生菌滋長的地方，而人類也有淋巴組織，也可能與免疫有關，所以絕不可把它當作多餘的廢物。

保持健康不可缺少的益生菌它們的家在大腸

腸

● 在下腹部形成「ㄇ」字的大腸 ●

　　延續小腸之後的大腸，全長 1.5 公尺，在盲腸處轉彎往上成為升結腸、橫結腸、降結腸、呈 S 彎狀的乙狀結腸、直腸之後，連接到肛門。大腸中有三條肌帶，叫做結腸帶，其間一連串隆起（結腸膨起）。

　　大腸主要的功能是自內容物吸取水分，形成大便。此外，大腸裡有多種細菌滋生，其中的益生菌種會幫助食物纖維發酵、維生素生成、擊退入侵的害菌、軟化糞便等，是人體不可多得的好幫手。

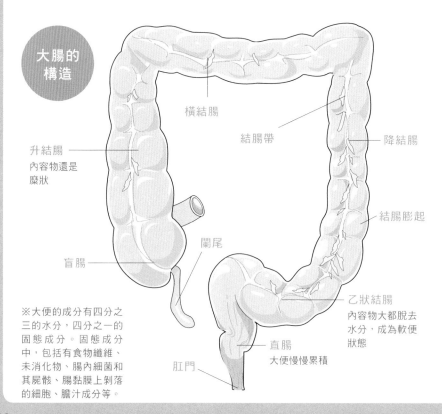

大腸的構造

橫結腸

結腸帶

降結腸

升結腸
內容物還是
糜狀

結腸膨起

闌尾

盲腸

乙狀結腸
內容物大都脫去
水分，成為軟便
狀態

直腸
大便慢慢累積

肛門

※大便的成分有四分之三的水分，四分之一的固態成分。固態成分中，包括有食物纖維、未消化物、腸內細菌和其屍骸、腸黏膜上剝落的細胞、膽汁成分等。

● 大便不累積到一定程度排不出來 ●

　　肛門、直腸之前 S 狀彎道的大腸，叫做乙狀結腸。到了這個彎道時，大便會暫時停止，調整便意到某種程度。出口的肛門內側有無法依自己意志控制的內肛門括約肌，和可依意志控制的外肌門括約肌。

　　當大便被移送到直腸，直腸內壓升高時，刺激會傳達到大腦，發出便意。同時引發排便反射，直腸收縮，內肛門括約肌張開。此時如果到廁所去，就會依據意志打開外肌門括約肌排便。如果不去廁所，就會緊閉外肛門括約肌忍耐。

　　當人失去意識時，神經系統麻痺，所以外尿道括約肌、外肛門括約肌都會鬆緩，使大小便失禁。但是，如果沒有累積大小便，就不會失禁。

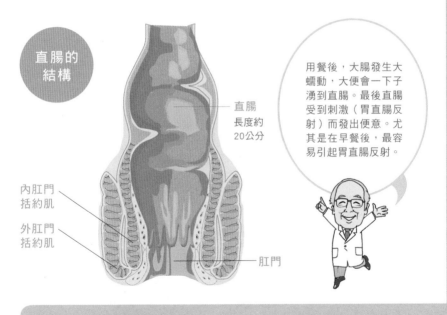

直腸的結構

內肛門括約肌

外肛門括約肌

直腸長度約20公分

肛門

用餐後，大腸發生大蠕動，大便會一下子湧到直腸。最後直腸受到刺激（胃直腸反射）而發出便意。尤其是在早餐後，最容易引起胃直腸反射。

法醫學之眼 （ 用直腸溫度可推斷死亡時間 ）

　　人死亡後生理活動停止，無法產生維持體溫的熱量，體溫便會漸漸下降。在屍體被發現的時候測量直腸溫度，可從自正常溫度降低的度數，推測大致的死亡時刻。

　　一般來說，死後五小時前，每一小時降1度。之後每一小時降0.5度。但是，降低的速度會受到死者體格、在大氣狀況下的氣溫、在水中水溫的影響，所以必須將這些元素都考慮進去，才能推測死亡時刻。

為什麼腸在肚子裡的位置不會變動？

● 切開肚子，腸子也不會跳出來 ●

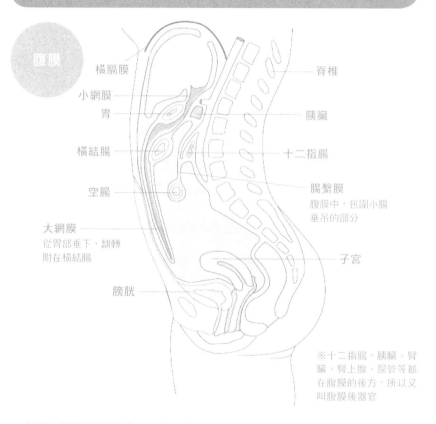

腹膜

橫膈膜
小網膜
胃
橫結腸
空腸
大網膜
從胃部垂下，翻轉
附在橫結腸
膀胱

脊椎
胰臟
十二指腸
腸繫膜
腹膜中，包圍小腸
垂吊的部分
子宮

※十二指腸、胰臟、腎
臟、腎上腺、尿管等都
在腹膜的後方，所以又
叫腹膜後器官

　　在漫畫誇張的描述中，曾出現剖開肚子，小腸像香腸一樣蹦出來的情節，但事實上這種事並不會發生。因為大部分的腸都被腹膜所包住，形成垂吊的形狀。

　　腹膜就像是肚子的襯裡，它展開形成一個袋子，將周圍的器官、內臟統統包住。垂吊小腸的腹膜叫腸繫膜，有血管和神經通過。

● 固定的內臟與會挪動位置的內臟 ●

大腸中的升結腸和降結腸，固定在腹膜的後方，幾乎完全不動。橫結腸只有兩片腹膜夾住，所以它的位置多少會有點移動。

胃也和橫結腸一樣，只是被腹膜夾住，所以空腹和飽腹時，胃會因為本身輕重有別和姿勢不同，而移動了位置。

腹膜太弱的話，無法支撐腹部的前側，內臟便會因自己的重量而整體下垂，下腹部也可能往外突出。

固定的
內臟與
會動的內臟

腸繫膜有血管通過，堆積較多的內臟脂肪。

位置移動

少了腹肌，肚子會跑出來哦。

位置固定

位置固定

法醫學之眼（餓死的屍體沒有內臟脂肪）

剖開腹部，小腸所在的部分被大網膜（參見90頁）所覆蓋。就像拉麵店用的「油花網」，大網膜正如名字所示，本來就有很多脂肪附著。

但是解剖餓死的屍體，大網膜上完全看不見脂肪。因為饑餓的關係，應該累積在大網膜及內臟周圍的脂肪，都已全數用盡。

肝臟具有再生力
是一座強大的化學工廠

肝臟位在腹部右側，橫膈膜下方。重量約有 1.5 公斤。

在人體中，肝臟是重量僅次於皮膚的器官。

它有很強的再生力，就算因病而切除大半，也能在日後再生到原本的大小。

肝臟可比喻為化學工廠。

它負責非常多任務，包括蛋白質、膽固醇、葡萄糖等營養素的分解、合成、儲藏；有害物質、藥物的分解、解毒、老舊血液的處理、膽汁的生成等。

因此，從胃和小腸出發、吸收營養素的血液，會集中在一條粗大的血管，稱為門脈，然後進入肝臟。

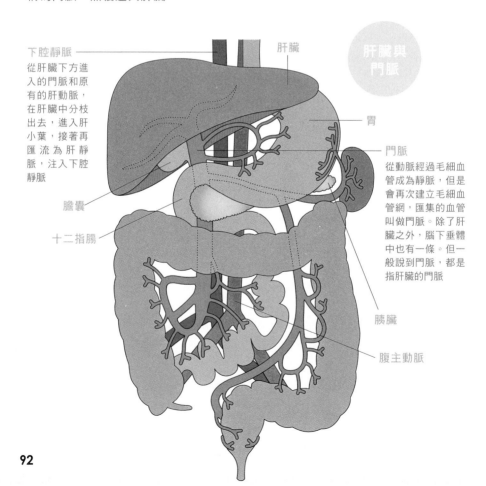

肝臟與門脈

下腔靜脈
從肝臟下方進入的門脈和原有的肝動脈，在肝臟中分枝出去，進入肝小葉，接著再匯流為肝靜脈，注入下腔靜脈

肝臟

胃

膽囊

十二指腸

門脈
從動脈經過毛細血管成為靜脈，但是會再次建立毛細血管網，匯集的血管叫做門脈。除了肝臟之外，腦下垂體中也有一條。但一般說到門脈，都是指肝臟的門脈

胰臟

腹主動脈

將肝組織擴大，可看到六角形的單位並排在一起，稱為肝小葉。
來自肝門靜脈的血液和肝固有動脈流入的血液，
通過這個單位來接受化學處理。
處理完畢的血液，徐徐匯流到肝臟中。
成為肝靜脈流出肝臟，進入下腔靜脈回到心臟。
肝小葉會製造膽汁。
膽汁的流向與血液相反，它會聚集到肝臟下方伸出的膽管，
進入膽囊儲存起來。

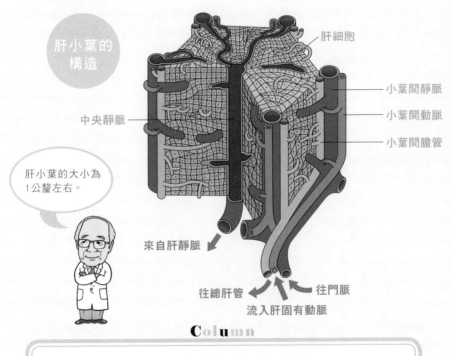

肝小葉的
構造

肝細胞

小葉間靜脈

小葉間動脈

小葉間膽管

中央靜脈

肝小葉的大小為
1公釐左右。

來自肝靜脈

往總肝管　　往門脈

流入肝固有動脈

Column

人的酒量好或壞，差別在哪裡？

　　酒精的分解需要兩種酵素，但每個人未必都具有這兩種酵素。不容易醉的人，這兩種酵素都有。而小酌兩杯就滿臉通紅的人，身體應該只具有這兩種酵素的其中之一，或者兩種都沒有。

　　如果你酒量好，就認為自己千杯不醉，那可就大錯特錯了。不論酒量好壞，酒對肝臟的負擔都和飲酒量成正比。因為酒量好就大喝特喝，只會對肝臟造成更大的負擔，千萬不可輕忽。

胰臟

沉默的胰臟兼具兩種功能

● 一天分泌1ℓ的消化液！ ●

胰臟呈細長形，橫臥在胃的後面，一端為十二指腸環抱。它最大的功能之一，就是消化液的分泌。

放大胰臟的組織，可以看見細胞呈圓形排列，有一條管子從中心伸出。這些圓細胞是釋出消化液的腺泡細胞。管子逐漸會合變粗，最後成為路經胰臟中心的胰管，在乏特氏乳頭處注入十二指腸。

像這樣透過管子分泌某種物質的形式，叫做外分泌。

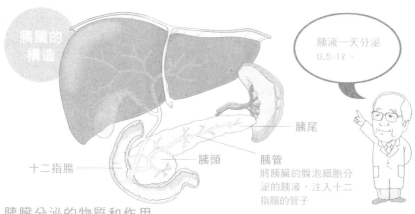

胰臟的構造

胰液一天分泌 0.5-1ℓ。

十二指腸

胰頭

胰尾

胰管 將胰臟的腺泡細胞分泌的胰液，注入十二指腸的管子

胰臟分泌的物質和作用

	物質	作用
外分泌（胰液）	胰澱粉酶	將澱粉分解為麥芽糖
	胰蛋白酶、胰凝乳蛋白酶	將蛋白質分解成胜肽和胺基酸
	胰解脂酶	將脂質分解成甘油和脂肪酸
內分泌	胰高血糖素	提升血糖值
	胰島素	降低血糖值

● 它也是分泌荷爾蒙的內分泌器官 ●

　　胰臟的另一個功能，是分泌調整血糖值的荷爾蒙。飯後血糖值上升時，分泌胰島素降低血糖值。當血糖值低於一定水準，便分泌胰高血糖素來提高血糖值。

　　製造荷爾蒙的是胰臟中點狀分布的胰島細胞，它和製造消化液的細胞不同。由於製造荷爾蒙的細胞直接將它分泌到血液中，所以沒有管子的構造，這種形式叫做內分泌。

Column

文明病之一的糖尿病是胰臟的疾病

　　糖尿病現在被喻為國民病，主要是胰臟分泌的胰島素不足，或效果不彰所引發。也就是說，它並不是尿本身有問題。如果長期置之不理，未做妥善的治療，會引起血管、神經相關的嚴重併發症，甚至也可能致命。

　　雖然目前還未能明白發病的原因，但已知糖尿病分為幾乎沒有胰島素分泌的第一型，和飲食過量或運動不足、壓力等與生活習慣有深度關係的第二型。而日本的糖尿病患者中，有95%屬於第二型。

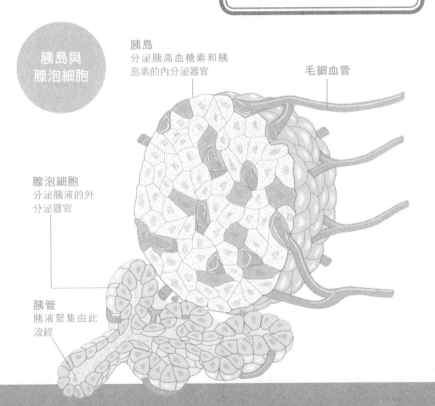

胰島與腺泡細胞

胰島
分泌胰高血糖素和胰島素的內分泌器官

毛細血管

腺泡細胞
分泌胰液的外分泌器官

胰管
胰液聚集由此流經

腎　臟

將循環全身的血液
加以過濾的腎臟

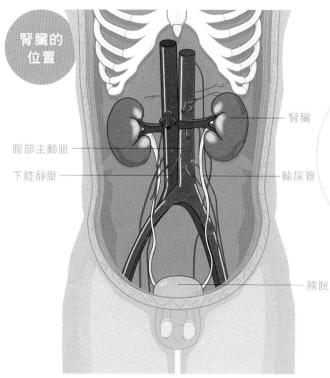

腎臟的
位置

腹部主動脈

下腔靜脈

腎臟

輸尿管

膀胱

尿通過腎小管時，會與周圍分布的毛細血管交換水分和物質。原尿濃縮到只有1/100才排出，每天會排泄1.5ℓ。

　　腎臟有兩個，位置在腰部背後略微上方之處。右腎臟的正上方就是肝臟，所以右腎的位置比較低一點。

　　腎臟最大的功能是過濾血液，製造尿液。運作的裝置叫「腎元」，是由血管纏繞成宛如毛線球的腎絲球、包圍它的鮑氏囊和連接出來的腎小管所組成。一個腎臟裡，有一百萬至一百二十萬個腎元，兩個腎加起來約有二百萬個以上。

　　此外，腎臟還會分泌製造紅血球的荷爾蒙和調整血壓的荷爾蒙。

● 濃縮成 1/100 的尿 ●

尿液是為了丟棄體內形成的老舊廢棄物質、多餘的水分和礦物質而產生。體內的環境必須時時刻刻保持均衡（恆常性），但攝取的食物、活動狀況卻不一定，所以需丟棄的尿液成分也時刻在變化。

首先，血液會在腎絲球過濾，形成的原尿進入鮑氏囊。接著通過腎小管時，腎小管會再吸收其中對身體有用的物質，尿液最終會濃縮為原尿的 1/100 後排泄出去。

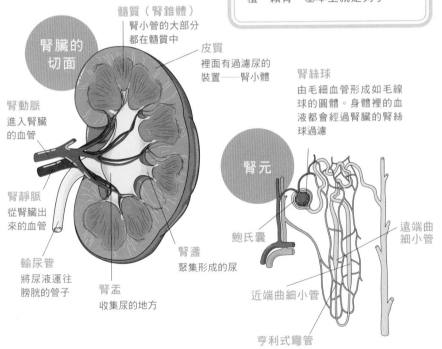

髓質（腎錐體）
腎小管的大部分都在髓質中

皮質
裡面有過濾尿的裝置——腎小體

腎絲球
由毛細血管形成如毛線球的圓體。身體裡的血液都會經過腎臟的腎絲球過濾

腎臟的切面

腎元

腎動脈
進入腎臟的血管

腎靜脈
從腎臟出來的血管

輸尿管
將尿液運往膀胱的管子

腎盂
收集尿的地方

腎盞
聚集形成的尿

鮑氏囊

遠端曲細小管

近端曲細小管

亨利式彎管

腎臟

尿會經由何處
通往什麼地方？

● 為什麼躺著睡覺，尿也會聚流到膀胱？ ●

　　成人每一小時每 1 公斤體重會產生 1ml 的尿液。換算下來，一個體重 50 公斤的人，每小時會產生 50ml 的尿量。在睡眠中，受到荷爾蒙的影響，濃縮的尿會稍微減少，但腎臟還是源源不斷地在製造尿液。

　　人體即便橫躺著，尿還是會從腎臟往膀胱移動，並不會積存在腎臟或半途的輸尿管中。這是因為輸尿管會進行蠕動運動，積極地將尿排到膀胱中。

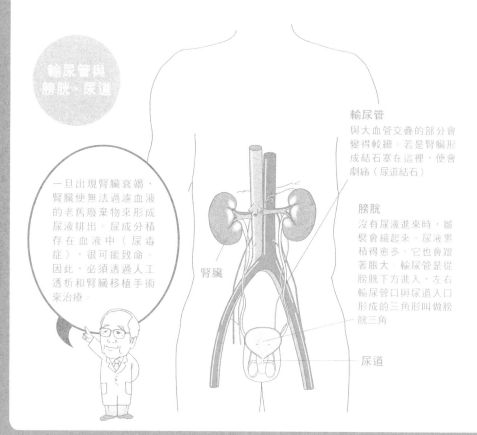

輸尿管與
膀胱、尿道

一旦出現腎臟衰竭，腎臟便無法過濾血液的老舊廢棄物來形成尿液排出。尿成分積存在血液中（尿毒症），很可能致命。因此，必須透過人工透析和腎臟移植手術來治療。

輸尿管
與大血管交疊的部分會變得較細。若是腎臟形成結石塞在這裡，便會劇痛（尿道結石）

膀胱
沒有尿液進來時，皺襞會縮起來。尿液累積得愈多，它也會跟著脹大。輸尿管是從膀胱下方進入，左右輸尿管口與尿道入口形成的三角形叫做膀胱三角

腎臟

尿道

● 膀胱最多可累積多少尿液？ ●

　　源源排出的尿會暫時儲放在膀胱裡。膀胱排空的時候，內側黏膜的皺襞會緊縮成扁平狀。但是尿液一開始累積，便會膨脹起來。

　　膀胱裡的尿液累積到 200-300ml 時，便會傳送訊息告訴大腦：「膀胱有尿液累積哦！」產生尿意。同時內尿道括約肌鬆弛，但是此時外尿道括約肌還緊閉著忍耐。在忍無可忍之前，膀胱最大可累積 800ml 的尿液。

排尿機制

1 膀胱儲存一定量的尿後，
　會傳送訊息到腦，
　產生尿意

2 內尿道括約肌放鬆，
　膀胱收縮（排尿反射，
　無法意志控制），
　但外尿道括約肌緊閉，
　可以忍耐

3 到廁所去，
　打開外尿道括約肌，
　開始排尿

法醫學之眼 （ 膀胱殘留的尿量也可推斷死亡時間 ）

　　大部分人在睡前都會去上廁所，可以想見睡覺時膀胱是空的。活著的狀態下，每1公斤體重每小時會產生1ml的尿，所以一個體重50公斤的人死亡時，膀胱若是累積了200ml的尿，就可斷定他是就寢後四小時左右死亡的。

　　但是，有些死亡狀況中會產生失禁現象，此時無法用這個方法推斷死亡時間。

男女尿道長短不同，功能也差很多

尿道是排泄尿液時的通道，但它不只是一根管子而已，

它還具有可關可出的「水龍頭」功能。

發揮水龍頭功能的部位，就是位於尿道兩旁的內尿道括約肌（膀胱括約肌）

與外尿道括約肌（尿道括約肌）。

內尿道括約肌不能隨意志控制，一旦尿在膀胱裡累積的訊息到達腦，

腦下達排尿指令時就會自動開啟。

若是外在環境不能馬上排尿的話，

由意志控制的外尿道括約肌就會緊閉忍耐，

直到廁所時，外尿道括約肌打開，

才會開始排尿。

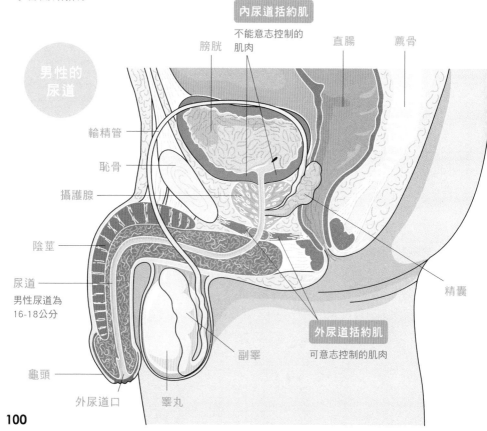

男性的尿道

內尿道括約肌
不能意志控制的肌肉

膀胱　　直腸　　薦骨

輸精管

恥骨

攝護腺

陰莖

尿道
男性尿道為
16-18公分

精囊

外尿道括約肌
可意志控制的肌肉

龜頭

外尿道口　　睪丸　　副睪

女性的尿道只有單純的尿道功能。

從膀胱直接向外伸出，長度約 3-4 公分。

由於尿道很短，所以外部的細菌容易侵入感染，引發膀胱炎。

男性的尿道不只是尿道，也兼備了部分生殖器官的功能。

它有 16-18 公分，比女性長很多，構造也很複雜。

離開膀胱後，先貫穿攝護腺，通過陰莖中央，到達尿道口。

在攝護腺處，睪丸伸出的輸精管和精囊會合而成的射精管會與尿道銜接。

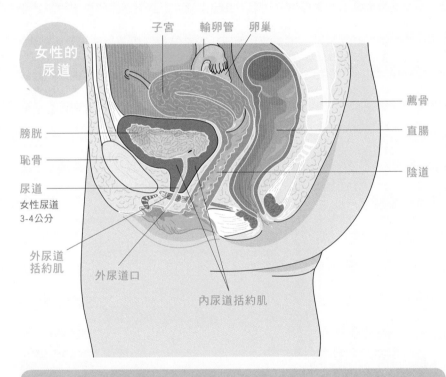

女性的
尿道

子宮　輸卵管　卵巢

薦骨

膀胱

直腸

恥骨

陰道

尿道
女性尿道
3-4公分

外尿道
括約肌

外尿道口

內尿道括約肌

法醫學之眼（ 上吊自殺者，
尿、便和精液都會流出 ）

　　有人誤以為自殺是一種美麗的死法，但事實上這是非常要不得的想法。
　　死亡就表示所有的生命活動戛然停止，因此由神經控制的肛門和尿道括約肌
隨即放鬆，因而積存的尿和大便都會流出來，偶爾連精液也會流出。尤其是上
吊自殺的案例，因有重力作用，排泄物流出得更容易。生命的價值極其崇高，
無可取代。因此，請千萬不要做出後悔莫及的行為。

男女生殖器官之謎
生殖器官的基本，男女皆同

生殖器官形狀是染色體和荷爾蒙所創造的

男性和女性的生殖器官外表雖然完全不同，但其實基本的原理卻是男女皆同。

在懷孕初期階段形成的生殖腺原基，會在具有Ｙ染色體的男寶寶體內，發育為睪丸，不具Ｙ染色的話，則發育為卵巢。

同樣在初期時胚胎中都具有沃爾夫管和苗勒氏管的組織，它們未來會成為男女的性器。睪丸在這裡分泌男性荷爾蒙之後，苗勒氏管退化，沃爾夫管變成輸精管。若無男性荷爾蒙的分泌，沃爾夫管會退化，苗勒氏管便形成子宮和輸卵管。

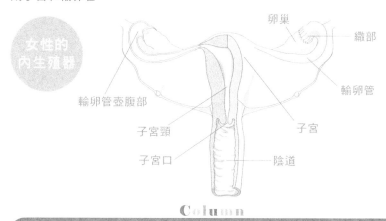

女性的內生殖器

卵巢
繖部
輸卵管
輸卵管壺腹部
子宮頸
子宮
子宮口
陰道

Column

男和女互相追求

男性與女性永遠在追求對方。從生物學上來解釋。人類細胞的染色體有46個，但生殖細胞──精子和卵子因減數分裂，而只有23個。精子和卵子都只有一半，無法再做分裂增殖。因此，它們一直會想與對方合體，成為具有46個染色體的細胞。

受精合體、成為46個染色體的細胞之後，立刻開始分裂增殖，而且在受精的266天後誕生成為人，造物主的偉大實在令人驚嘆。

從文學上來表現，這便是戀愛、結婚的根源。

● 女人到停經前，男人到死前 ●

　　陰道、子宮、輸卵管、卵巢……這些女性生殖器在腹腔中。它的功能就是作育胎兒和生產。直到五十歲前後停經，它的功能才會停止。

　　子宮通常有 7-8 公分長，50 公克重。懷孕臨盆前有可能脹大到 35 公分長、1 公斤重。生產之後約經過 2-3 個月，就會恢復原來大小。

　　男性生殖器有一部分在腹腔中，在陰囊中的睪丸則是垂掛在身體外。這是因為睪丸遇熱時，功能會降低，因而需要經常保持冷卻。男性的性功能會一直維持到死亡前。

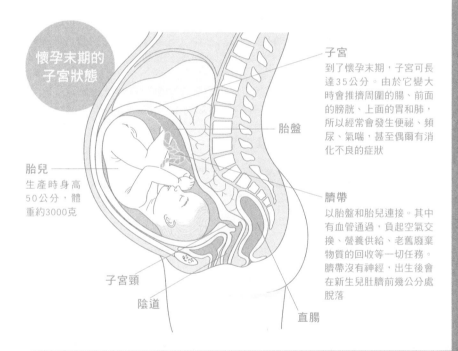

懷孕末期的子宮狀態

子宮
到了懷孕末期，子宮可長達35公分。由於它變大時會推擠周圍的腸、前面的膀胱、上面的胃和肺，所以經常會發生便祕、頻尿、氣喘，甚至偶爾有消化不良的症狀

胎盤

胎兒
生產時身高50公分，體重約3000克

臍帶
以胎盤和胎兒連接。其中有血管通過，負起空氣交換、營養供給、老舊廢棄物質的回收等一切任務。臍帶沒有神經，出生後會在新生兒肚臍前幾公分處脫落

子宮頸

陰道

直腸

法醫學之眼 〈 馬上風　並不是勃起狀態下死亡 〉

　　在性行為中，或完畢後驟死的案例，俗稱為馬上風。但是，這並不是正式的病名。馬上風的具體死因多是心肌梗塞或腦溢血，發生在男性的傾向較高（參見145頁）。

　　外傳性行為中發生馬上風，陰莖會維持在勃起狀態，其實這是錯誤的。人一旦死亡，神經活動停止，血流也會停止，因此無法保持勃起狀態，陰莖也會立刻恢復正常。

女性每個月的變化
懷孕週期不是十個月！？

● 女性的性週期是為懷孕而準備 ●

　　25-35 天為週期的月經，是身體為懷孕不斷演練準備的證據，這個週期叫做月經週期。

　　在月經週期一半的時候，卵巢會排出卵子。從月經開始到排卵之間，卵巢會分泌出大量的雌激素，讓卵子成熟，並且增厚子宮內膜以便於卵子著床。排卵後的濾泡成為黃體，分泌大量黃體素，充實子宮內膜，協助維持懷孕狀態。

　　排卵之後若是受精，受精卵在子宮內膜著床的話，就成功地懷孕了。如果懷孕不成功，原先準備好的子宮內膜隨之剝落，這便是月經。

月經週期中卵巢與子宮內膜的變化

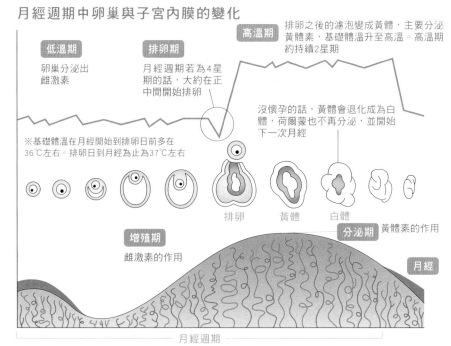

高溫期　排卵之後的濾泡變成黃體，主要分泌黃體素，基礎體溫升至高溫。高溫期約持續2星期

低溫期　卵巢分泌出雌激素

排卵期　月經週期若為4星期的話，大約在正中間開始排卵

沒懷孕的話，黃體會退化成為白體，荷爾蒙也不再分泌，並開始下一次月經

※基礎體溫在月經開始到排卵日前多在36℃左右。排卵日到月經為止為37℃左右

排卵　黃體　白體

增殖期　雌激素的作用

分泌期　黃體素的作用

月經

—— 月經週期 ——

從月經開始到下一次月經開始的前一天，25-35天都在正常範圍內。

● 從一個受精卵到寶寶誕生 ●

　　精子和卵子相遇，成為受精卵時，只是一個細胞。但經過懷孕期間直到出生時，竟已增長到二兆個。

　　懷孕的週期日本俗稱「十月十天」，歐美則計算為九個月。但事實上，若是從懷孕前最後一次月經開始日起算，以第 280 天為預產日的話，應該比九個月再少一點。不論歐美人、日本人都一樣。

　　懷孕到第 15 週為初期，到 27 週為中期，28 週以後為後期。第 40 週 0 天為預定日，但在 37-41 週結束前生產都算正常範圍。

懷孕週期與預產期

	～15週	16～27週	28週～	
各期的分類	初期 注意流產。肚子還不明顯	中期 進入安定期，如果一切健康的話，可以做適度運動。第一次生產的話，20週左右會感到胎動	後期 注意貧血或高血壓、便祕、子宮收縮	
	～21週 生產	22～36週 生產	37～41週 生產	42週～ 生產
依據分娩時間分類	流產	早產	正常產 40週0天 為預定日	過期產

　　在日本，我們以4星期為1個月，所以會有「第〇個月」的算法。用這種方法計算，懷孕週期就變成10個月了。「十月十天」的算法有用上述方法，和用月曆算第10個月第10天的算法兩種。

Column

月經前為什麼會煩躁不安？

　　你身邊是否有些女性每個月固定的時間，就會煩燥不安，火氣特別大？那可能是一種稱為經前症候群的毛病。

　　有月經的女性在幾乎一整個月的週期中，會感受到身心的變化。其中最頭痛的，就是月經前的時期。這段時間黃體素大量分泌，所以精神上會變得過敏，也會因為一點小事就情緒化。

　　不要太在意，抱著平常心去面對，也許會是個好方法。

生殖器官

決定一億分之一的勝利者
──受精大競賽

● 受精卵的性別由誰決定？ ●

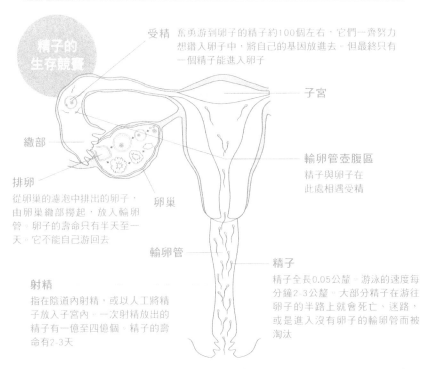

精子的
生存競賽

受精　奮勇游到卵子的精子約100個左右，它們一齊努力
想鑽入卵子中，將自己的基因放進去。但最終只有
一個精子能進入卵子

子宮

繖部

輸卵管壺腹區
精子與卵子在
此處相遇受精

排卵
從卵巢的濾泡中排出的卵子，
由卵巢繖部撈起，放入輸卵
管。卵子的壽命只有半天至一
天。它不能自己游回去

卵巢

輸卵管

精子
精子全長0.05公釐。游泳的速度每
分鐘2-3公釐。大部分精子在游往
卵子的半路上就會死亡、迷路，
或是進入沒有卵子的輸卵管而被
淘汰

射精
指在陰道內射精，或以人工將精
子放入子宮內。一次射精放出的
精子有一億至四億個。精子的壽
命有2-3天

　　在古老的年代，人們認為不會生男孩的媳婦沒有用，但那是古人的誤解。
因為決定孩子性別的，是父親的精子。

　　人類的細胞中，有 22 組常染色體各 2 個，和性染色體 2 個。性染色體
有 X 和 Y 之分。擁有 X X 染色體的是女性，X Y 是男性。精子和卵子各具
有一般細胞染色體的一半，所以母親的卵子永遠是 X，而父親的精子則可
能有 X 也可能有 Y。因此，由受精的精子是帶 X 或 Y 染色體，來決定孩子
的性別。

　　但是，並不能因為孩子的性別不如預期，而把它歸咎於父親的責任。

● 卵子的壽命只有半天！？ ●

　　精子和卵子會在輸卵管壺腹區結合、受精，而並不是在子宮內完成。卵巢排出的卵子只有短短一天的壽命，而射精的精子只有 2-3 天壽命，如果時機沒抓準，就無法受精。

　　男性一次射出的精子量有一億到四億個。精子可游泳達 15 公分的距離，直到卵子所在的輸卵管壺腹部。大部分的精子迷航或力竭而被淘汰，但有數十到百個左右的精子會到達卵子所在處，一齊向卵子進攻。而最後只有一個精子能拔得頭籌、戰勝這場激烈的競賽。

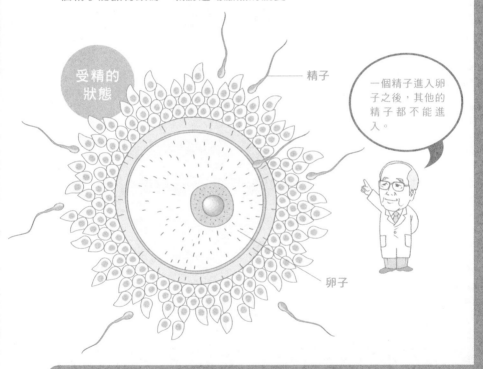

受精的
狀態

精子

一個精子進入卵子之後，其他的精子都不能進入。

卵子

法醫學之眼（孕婦死亡的話，胎兒會怎麼樣？）

　　孕婦若是因病或意外身亡，除非緊急生產，否則胎兒也會跟著死亡。胎兒雖然用自己的心臟維持血液循環，但是氧和營養的供給，老舊廢棄物質的排泄，都還是得依賴母親。因而當母親的生命活動停止時，氧和營養的供給斷絕，胎兒也會隨後跟著死去。

　　死後經過一段時間，母體因為腐敗的進行，體內會產生氣體。這些氣體壓迫子宮，而將胎兒推出體外，這便是所謂的棺內分娩。

第 4 章

人體的調整和控制

～ 內分泌・神經系統・感覺器官 ～

當體外環境有了變化、身體受到壓力的時候，

內分泌系統和神經系統便會隨之調整，

來維持身體的機能。

若是沒有神經，

全身的內臟、器官和組織，

都無法妥善應對。

本章將來談談，

讓身體維持在安定狀態的內分泌、

神經系統和擷取刺激的感覺器官。

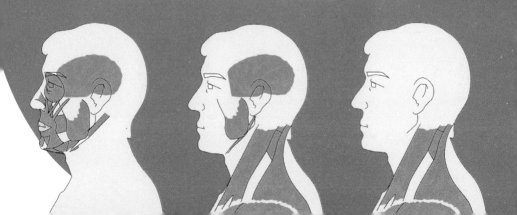

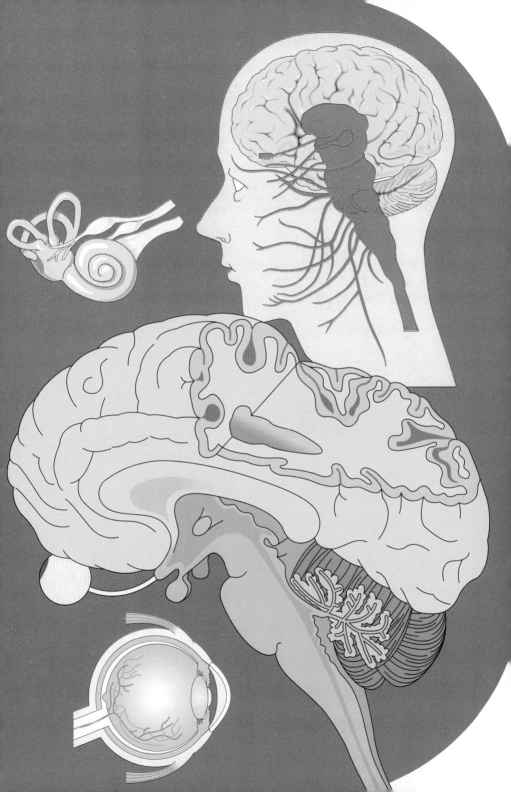

從身體各個地方
分泌出來的荷爾蒙

● 荷爾蒙究竟是什麼？ ●

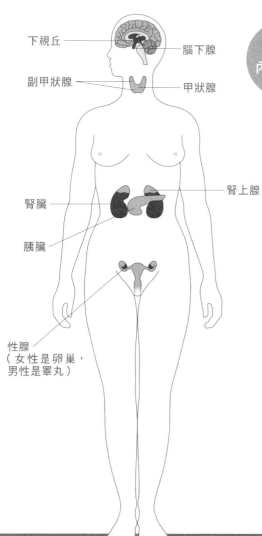

下視丘
腦下腺
副甲狀腺
甲狀腺

全身的
內分泌腺

腎上腺
腎臟
胰臟

性腺
（女性是卵巢，
男性是睪丸）

日語中內臟或牛腸的燒烤食物，叫做「荷爾蒙」，但這與生理學上的荷爾蒙並無關係。荷爾蒙是一種生理活性物質，由特定器官製造後進入血液，繞行全身，而能對標的器官發生作用，發揮效果。它的特徵是製造的地方與作用區域大多相隔很遠，所以只要極微量就可以有所作用。

製造並分泌荷爾蒙的器官，叫做內分泌器官。內分泌是某種物質經由血液輸送到人體的一種機制。另一種外分泌，則是消化液經由管道注入標的位置的機制。

●散布全身的內分泌器官，由中樞控制 ●

內分泌器官有甲狀腺、副甲狀腺、胰臟、腎上腺、性腺（卵巢、睪丸）和腎臟，由位於大腦丘腦的下視丘和腦下腺進行工作調整。這兩個部分不但是內分泌系統的中樞，自己也是內分泌器官之一。

內分泌系統不能由意志控制。它會受環境、從五感進入的訊息，和當時的情緒所影響，配合各種狀況，來分泌調節身體機能的荷爾蒙。它也和與意志無關的自律神經關係密切。

主要的內分泌腺、荷爾蒙與其作用

部位	分泌的荷爾蒙與作用
下視丘	對甲狀腺、腎上腺、性腺等分泌釋素，讓其分泌荷爾蒙，或分泌抑制素，抑制其荷爾蒙的分泌。
腦下腺前葉	分泌促進成長的「生長激素」、刺激乳腺促進乳汁分泌的「泌乳素」、甲狀腺刺激素、促腎上腺皮質素，及促進排卵的黃體生長激素。
腦下腺後葉	分泌抗利尿荷爾蒙「抗利尿素」、促進乳汁分泌和子宮收縮的「催產素」。
甲狀腺	分泌讓代謝亢進的甲狀腺素、降低血中鈣濃度的降鈣素。
副甲狀腺	分泌調節組織和血鈣的副甲狀腺素。
腎上腺皮質	分泌與糖代謝有關的糖皮質激素、與電解質平衡有關的醛固酮、男性荷爾蒙「雄激素」。
腎上腺髓質	應對壓力的腎上腺素、去甲腎上腺素。
腎臟	分泌製造紅血球的紅血球生成激素。
胰臟	提升血糖值的胰高血糖素和降低血糖值的胰島素。
性腺	男性睪丸分泌雄激素，女性卵巢分泌雌激素和黃體素。

Column

過多過少都有問題的荷爾蒙

荷爾蒙並不是永遠都會分泌固定的量，它會配合狀況做微調。分泌時也依荷爾蒙的種類而增減不一，有些會在某個時點一次放出，但有些卻得視其他荷爾蒙量而做增減。

荷爾蒙分泌過多或過少都會變成疾病。像是生長激素過多導致巨人症，或是甲狀腺素過多變成格雷夫氏症。胰島素不足會引起糖尿病，雌激素不足造成月經異常或骨質疏鬆症，都是很有代表性的病症。

但我們不需要刻意自我提醒或思考這麼微妙複雜的狀況，而身體便可自我控制，實在是值得慶幸。

腎上腺不附屬於腎臟
從皮質和髓質分泌荷爾蒙

● 腎上腺皮質放出類固醇 ●

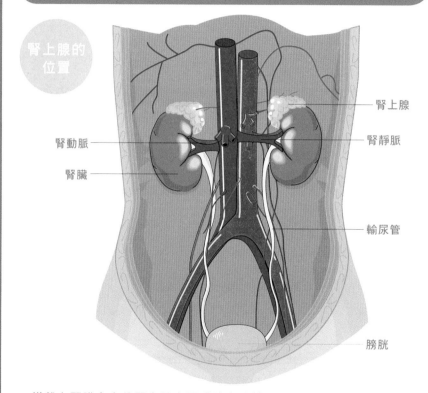

腎上腺的
位置

腎上腺

腎動脈

腎靜脈

腎臟

輸尿管

膀胱

　　搭載在腎臟上方的腎上腺與腎臟沒有直接關係，它是內分泌器官之一，
會分泌強大的荷爾蒙。外側叫做皮質，中心部分叫髓質，各別分泌不同的
荷爾蒙。

　　皮質會分泌類似類固醇的荷爾蒙，包括調整血中鉀離子和鈉離子的醛固
醇、提高血糖值抑制發炎來抑制免疫機能的糖皮質激素、男性荷爾蒙「雄
激素」等。尤其是糖皮質激素抑制發炎的效果強大，現在已利用在許多疾
病的治療用藥上。

● 腎上腺髓質與自律神經有深切關係 ●

　　腎上腺的中心部分「髓質」，會分泌腎上腺素和去甲腎上腺素等荷爾蒙。這些統稱為「兒茶酚胺」。

　　當因為興奮、激烈運動、壓力等的影響，它會和自律神經的交感神經產生相互作用，而增加分泌。並因此造成心跳數增加，血壓、血糖值上升等。這是為了對抗可能成為自身威脅的事物，讓身體調整為備戰狀態的作用。慢性壓力狀態導致荷爾蒙和自律神經發生異常，引發種種疾病，這種例子在現代社會中可說不勝枚舉。

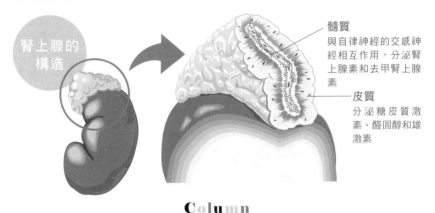

腎上腺的構造

髓質
與自律神經的交感神經相互作用，分泌腎上腺素和去甲腎上腺素

皮質
分泌糖皮質激素、醛固醇和雄激素

Column

壓力──置身於猛獸威脅下的緊張狀態

　　壓力究竟是什麼？我們用動物社會來解釋就很好懂了。

　　小型草食動物在草原上悠然地吃著草，突然間，猛獸出現了。對草食動物而言，猛獸是壓力之源，於是緊張而僵硬的狀態就是壓力。這種氣氛可不是吃草、睡覺、從事生殖行為的時候。這些功能會戛然受到壓制。心跳數和血壓、血糖值都會猛然飆高，準備好逃亡或是戰鬥。

　　對現在人而言，壓力源並不會因為打獵失敗放棄就消失。身體的備戰狀態不論多久都不會解除，久而久之就變得筋疲力竭，進而生病了。

男性化、女性化
是從性荷爾蒙產生的

●除了卵巢和睪丸，也能製造性荷爾蒙 ●

　　男性荷爾蒙的種類有好幾種，統稱為雄激素。主要由睪丸分泌，但也有一部分由腎上腺皮質分泌。這些荷爾蒙會在胎兒時期，將性器官製造成男性的形狀，在思春期時造成變聲，使體毛濃密，塑造出有肌肉、結實的體態。

　　女性荷爾蒙有雌激素和黃體素兩種，主要由卵巢分泌，但在懷孕中，胎盤也會分泌。思春期時會增加脂肪，塑造出女性的體態以支持懷孕和生產（參見 104 頁），它與骨頭的代謝也有密切關係。

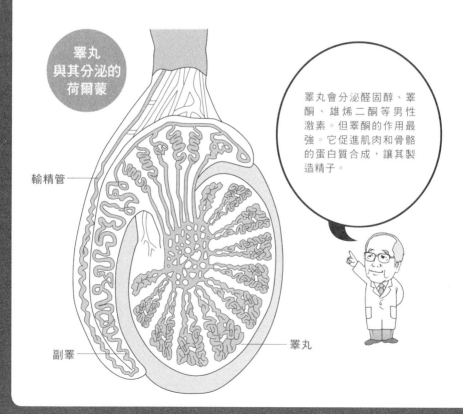

睪丸
與其分泌的
荷爾蒙

睪丸會分泌醛固醇、睪酮、雄烯二酮等男性激素。但睪酮的作用最強。它促進肌肉和骨骼的蛋白質合成，讓其製造精子。

輸精管

副睪

睪丸

● 原料就是「那個」膽固醇 ●

　　不只睪丸和卵巢，腎上腺素或脂肪組織等與性別無關的組織，都會製造性荷爾蒙，所以男性也會分泌女性荷爾蒙，而女性也會分泌男性荷爾蒙，只不過通常與生物學性別相異的荷爾蒙分泌較少。但是，當感染疾病而破壞了這種平衡時，男性也會發生乳房變大的女性化現象，而女性也可能出現長鬍子、聲音低沉的男性化現象。

　　原本男性荷爾蒙和女性荷爾蒙都是以膽固醇為原料的類固醇激素，膽固醇雖然經常被當成壞蛋，其實它卻是身體不可或缺的物質。

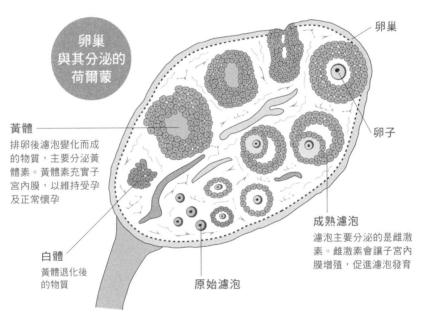

卵巢
與其分泌的
荷爾蒙

卵巢

卵子

黃體
排卵後濾泡變化而成的物質，主要分泌黃體素。黃體素充實子宮內膜，以維持受孕及正常懷孕

成熟濾泡
濾泡主要分泌的是雌激素。雌激素會讓子宮內膜增殖，促進濾泡發育

白體
黃體退化後的物質

原始濾泡

Column

外表與染色體不一致

　　在醫學報告中，也曾出現過性器官和性腺是女性，然而性染色體卻是男性型，或是完全相反，抑或兩種性腺都有等，身體構造與染色體不一致的狀況。此外，也曾有過性器官的形狀分不出男女的案例。這些例子都稱為雙性人。

　　原因可能出自性染色體的異常、分泌性荷爾蒙的性腺功能異常、性荷爾蒙對作用的細胞沒有反應等。

人腦其實並不大？
腦的大小與智能無關

成人的大腦其實並不大，
大約只有兩隻手掌攤開滿滿盛住這麼大。
重量平均為 1.3-1.4 公斤左右。
大腦的大小與智能之間沒有什麼關係，
歷史上的偉人中，
曾有人大腦只有 1 公斤重。
大腦的功能與大小重量無關，
而是由神經細胞發揮功能的程度來決定。
大腦的形狀是由中央的胼胝體
連結左右兩個大腦半球。
右半球負責身體的左側，
左半球負責身體的右側。
並且由連接左右腦的胼胝體，
協調兩邊協力運作。

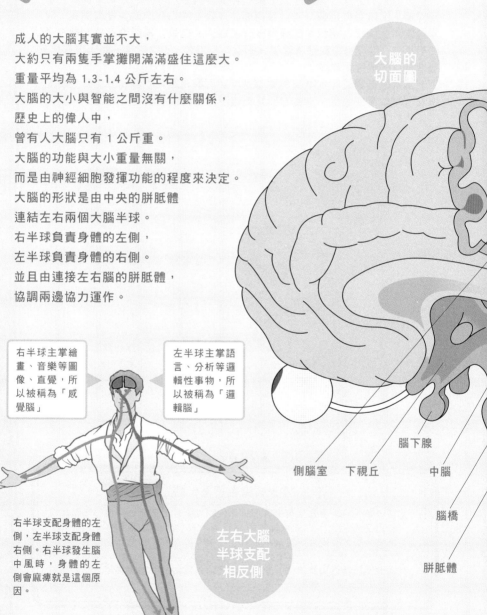

大腦的
切面圖

右半球主掌繪畫、音樂等圖像、直覺，所以被稱為「感覺腦」

左半球主掌語言、分析等邏輯性事物，所以被稱為「邏輯腦」

右半球支配身體的左側，左半球支配身體右側。右半球發生腦中風時，身體的左側會麻痺就是這個原因。

左右大腦半球支配相反側

側腦室　下視丘

腦下腺

中腦

腦橋

胼胝體

從大腦剖面圖中可看見表面是灰色層（灰白質），中間是白色部分（白質）。

灰白質羅列著密密麻麻的神經細胞。

神經細胞延伸出來的神經纖維複雜地布滿在白質中。

大腦表面大大小小的皺襞，是為了增大神經細胞分布的表面積。

大腦有三層膜，從內側按順序為軟膜、蛛網膜和硬膜。

蛛網膜下的空洞（蛛網膜下腔）有腦脊髓液在循環，保護腦部不受衝擊。

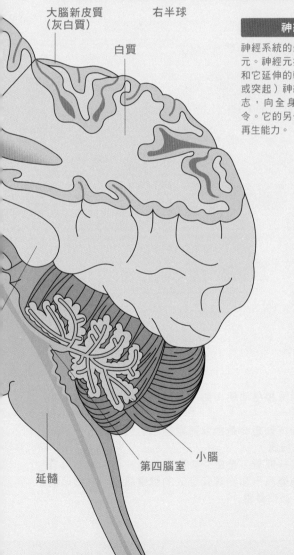

大腦新皮質（灰白質）

右半球

白質

延髓

第四腦室

小腦

神經元

神經系統的最小單位是神經元。神經元指的是神經細胞和它延伸的軸突（神經纖維或突起）神經細胞會按照意志，向全身發布動作的命令。它的另一個特性是沒有再生能力。

Column

撞到頭，幾天後就死亡的案例

有人跌倒撞到頭，撞到的地方只是有點痛，他認為沒什麼大礙，因此並未就醫。但是，有時幾小時或幾天之後，卻突然陷入昏迷狀態，最後就此一命嗚呼。這種情形是因為撞到的位置，可能包覆腦部的膜受撞擊出血，血液慢慢流出，不久壓迫到大腦所致。

人們喝得爛醉之後，可能根本沒感覺撞到頭，或者誤以為腦部異常造成的步履蹣跚是喝醉酒使然。所以，最好還是不要飲酒過量。

大腦受到傷害
其他部位填補上來

● 戴髮箍的位置發出運動指令 ●

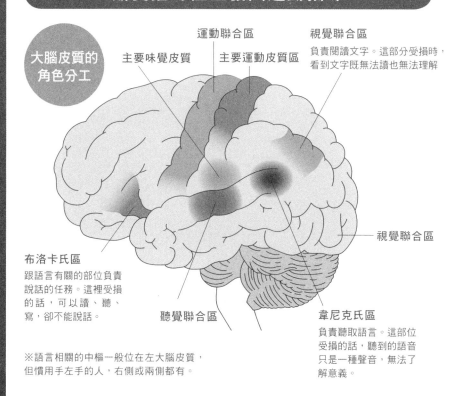

大腦皮質的
角色分工

主要味覺皮質

運動聯合區

主要運動皮質區

視覺聯合區
負責閱讀文字。這部分受損時，
看到文字既無法讀也無法理解

布洛卡氏區
跟語言有關的部位負責
說話的任務。這裡受損
的話，可以讀、聽、
寫，卻不能說話。

聽覺聯合區

視覺聯合區

韋尼克氏區
負責聽取語言。這部位
受損的話，聽到的語音
只是一種聲音，無法了
解意義。

※語言相關的中樞一般位在左大腦皮質，
但慣用手左手的人，右側或兩側都有。

　　看、說、決定、跑、感覺痛等種種功能，並不是整個大腦一齊處理，每
個動作都由固定的位置來負責。

　　身體該做什麼動作──這些運動指令是由女孩戴髮箍的位置附近、中央
腦溝一帶的主要運動皮質區來負責。

　　從全身收集來的疼痛、溫度等感覺，是由中央腦溝後側一帶的運動聯合
區來負責。而從眼睛進入的視覺訊息和從耳朵進入的聽覺訊息，是後腦的
視覺聯合區和兩側的聽覺聯合區來負責。

● 障礙標示出受到損傷的位置 ●

當腦血管阻塞，造成某個範圍的神經細胞受到損傷時，那些細胞負責的功能就會發生障礙。換句話說，從障礙形式的表現，就可以推測出腦的哪個部位受到損傷。

然而，即使大腦因損傷而失去了該區應有的功能，只要適當的復健，剩餘的細胞便會彌補它的功能，而達到某種程度的復原。大腦隱藏的潛力遠遠超越了我們所知的範圍。

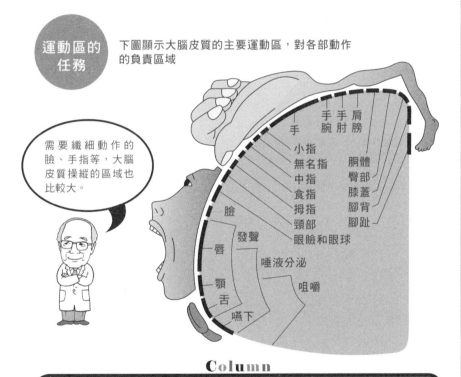

運動區的任務　下圖顯示大腦皮質的主要運動區，對各部動作的負責區域

需要纖細動作的臉、手指等，大腦皮質操縱的區域也比較大。

手 手 肩
手 腕 肘 膀
小指
無名指　胴體
中指　　臀部
食指　　膝蓋
拇指　　腳背
頸部　　腳趾
臉
發聲　眼瞼和眼球
唇
顎　唾液分泌
舌
嚥下　咀嚼

Column

腦本身感覺不到痛，是真的嗎？

大腦收集全身上下的知覺訊息，進行處理，然而它自己卻沒有感覺痛的神經。一部著名的推理電影，有一段壞警察的部分大腦，在還有意識的狀態下被割下來煎，令人髮指。

疼痛是察覺危險不可缺少的感覺，腦有頭蓋骨的完全保護，所以也許因此表面不需要配置感痛的神經。

腦

掌管生命活動的腦幹
位於大腦中心的「爬蟲類之腦」

● 呼吸和心跳的中樞在腦幹 ●

　　從大腦中心部位向下延伸，連接脊髓的部分叫做腦幹。這裡有自律神經的中樞，它負責在人沒有意識時讓身體自動化運作。也就是說，當我們的意識陷入沉睡時，心臟依然會跳動、呼吸、消化和吸收，都是腦幹的工作。腦幹受損的話，呼吸和心跳都會停止導致死亡，因而這個部位十分重要。除去小腦和腦幹之外的大腦部分，叫做終腦。這個部位是負責有意識對話，讓身體隨意志行動的中樞。也就是說清醒之後的行動，都是由終腦所控制。

　　間腦位於連接左右大腦半球的胼胝體內側，有丘腦、下視丘、腦下腺，是荷爾蒙、自律神經的中樞。它連接的中腦尤其與視覺關係匪淺，它下方的腦橋負責與小腦之間的情報轉達。再下方的延髓，則是呼吸、心臟搏動、血管的收縮與擴張、吞嚥、嘔吐的中樞。

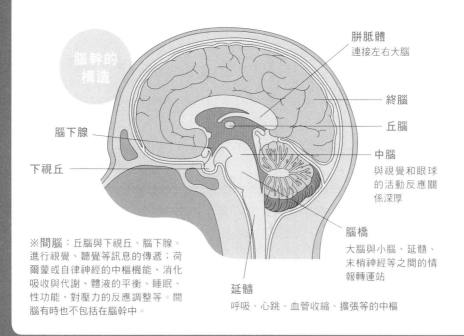

腦幹的構造

胼胝體
連接左右大腦

終腦

丘腦

中腦
與視覺和眼球
的活動反應關
係深厚

腦下腺

下視丘

腦橋
大腦與小腦、延髓、
末梢神經等之間的情
報轉運站

延髓
呼吸、心跳、血管收縮、擴張等的中樞

※間腦：丘腦與下視丘、腦下腺。
進行視覺、聽覺等訊息的傳遞；荷
爾蒙或自律神經的中樞機能、消化
吸收與代謝、體液的平衡、睡眠、
性功能、對壓力的反應調整等。間
腦有時也不包括在腦幹中。

● 人腦不只會長大！ ●

　　人擁有高度功能的腦，但它並不只是變大、膨脹而已。而是在進化的過程中，外側增添了高度的部分，進而更加發達。早在進化過程還沒開始前，腦幹就已經存在了，從功能的共通性來看，可以叫它「爬蟲類的腦」。

　　整個腦部功能完全喪失的狀態稱為腦死，如果放置不理，心臟也會跟著停止。但是，如果腦幹的功能還活著，就算沒有意識、失去語言、思考的功能，卻還是能保有心跳和呼吸，這種狀態便是植物人。

大腦的進化

在進化的過程中，人的大腦並不只是變大而已，而是在外側增添發達的部分，以這種形式進化。尤其是表現人性的額葉在大腦皮質所占的比例中，人類是最多的。

法醫學之眼（ 傷害不貫穿腦幹，人不會死亡 ）

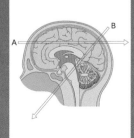

　　大腦皮質一旦受損，依照受損的位置可能出現語言有障礙，或無法走路的症狀，但並不一定會死。只要腦幹沒受傷，呼吸、心跳等的生命活動都能保持原狀。事實上，很多人在意外或槍擊中，失去了部分大腦，多少留下一些障礙，卻還能活得好好的。

　　當槍彈貫穿頭部時，一般人多會以為一定是一槍斃命。但如圖Ａ和Ｂ的子彈貫穿位置所示，子彈貫穿頭部的位置不同，其實會出現不同的情況。例如，當子彈以Ａ方式貫穿時，終腦受傷會陷入意識不明的昏睡狀態，但因腦幹未傷毫髮，所以命大不死，而是陷入植物人狀態。

　　但子彈如果以Ｂ的方向貫穿，自律神經的中樞受到破壞，造成心臟、呼吸停止，人也立刻死亡了。

 **腦**

小腦有運動調整功能
運動多做幾次就能變熟練

● 運動中樞不是小腦！ ●

小腦的
位置與構造

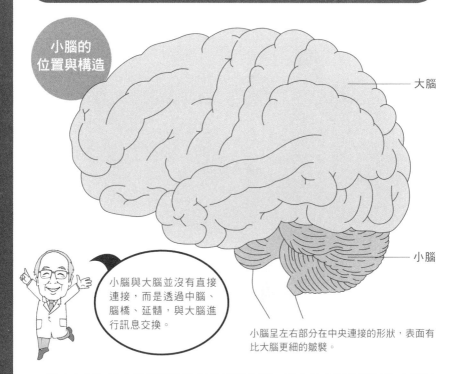

—— 大腦

—— 小腦

小腦與大腦並沒有直接
連接，而是透過中腦、
腦橋、延髓，與大腦進
行訊息交換。

小腦呈左右部分在中央連接的形狀，表面有
比大腦更細的皺襞。

　很多人都知道小腦與運動神經的好壞有關，但大家會不會誤以為小腦是
運動中樞呢？

　向身體的骨骼肌發出指令，叫它「做這個動作」的，是大腦的主要運動
皮質區，由此可知運動中樞在大腦。小腦的功能，則是將大腦發出的指令，
與眼、耳、皮膚、肌肉等感覺器官傳來的訊息加以對照，了解實際進行了
什麼樣的動作，分析它是否有按指令執行，然後進行微調的工作。

　此外，大腦和小腦之間並沒有直接相連，而是透過腦幹的中腦、腦橋、
延髓交換訊息。

● 如果沒有小腦，會怎麼樣？ ●

　　一再練習之後，就能把腳踏車學會；經常到練習場報到，高爾夫球飛躍的距離就會逐漸拉長。這些都是小腦發揮了調整功能所達到的成果。

　　小腦沒有直接參與呼吸、心跳這些生命功能，因此不是維持生命不可欠缺的器官。但是，當小腦受到損傷，就無法進行運動調整，不但不能正常走路，有時連站立都有困難。此外，像從手臂往外展開的姿勢，到用手指觸摸自己鼻頭的動作，或是說話的動作，都會產生問題。

熟能生巧

小腦會觀測大腦皮質發出的運動指令，有沒有被正確、順利的執行，並進行微調。所以，所謂的熟能生巧，就是小腦調整功能立下的功勞。

Column

「不喜歡運動」只不過是懶得動

　　經常聽到有人說，「不論做什麼運動都做不好，所以我討厭運動。」但其實這只是他還沒有遇見適合的運動罷了。相信大家小時候，都曾經在遊樂場或公園又跑又跳，玩得很盡興才對。如果遇見自己感興趣的運動，一定會愛上它的。

　　另外，就算有一、兩項自己熱愛的運動，但不是每個人都能達到一流選手的表現。不過，玩得好、玩得不好並不是重點，自己玩得喜歡、開心最重要。

12對腦神經與 31對脊神經

將腦與脊髓形成的中樞神經與全身連接起來，

發揮電線功能的是末梢神經。

末梢神經有兩個種類，從腦直接伸出去的是腦神經，

從脊髓伸出去的叫脊神經。

腦神經有 12 對，主要掌控臉和頭部的知覺和動態。

每一對神經都從腦底或腦幹出去，一直延伸到它操控的部位。

其中只有一對迷走神經與其他神經走法不同。

它從延髓出去後，往下經過頸部和胸，通過橫膈膜到達胃腸。

另有一部分在胸口迴轉到喉頭，與發聲有關。

腦神經

腦神經
指直接出入腦的末梢
神經，共有12對。除
了掌控臉、頭的知覺
和運動，另一部分也
發揮調整胸部、腹部
內臟功能的自律神經
作用

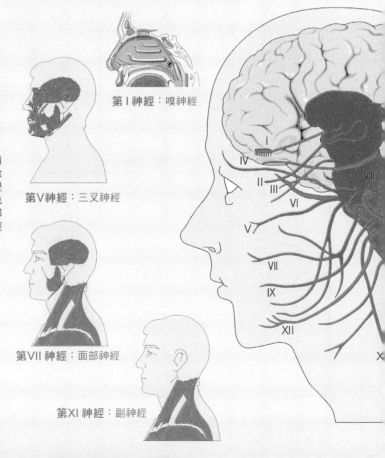

第 I 神經：嗅神經

第 V 神經：三叉神經

第 VII 神經：面部神經

第 XI 神經：副神經

出入脊髓的末梢神經叫做脊神經。

從第一頸椎往上，

在脊椎與脊椎間按順序往左右成一對伸出，

共有 31 對脊神經。

頸部附近的脊神經幾乎呈水平狀伸出，

在肩膀和手臂大致也以它的高度分布。

但是漸漸往下之後，脊神經就會朝下出入了。

那是因為脊髓的長度不如身高的伸展那麼長，

成人的脊髓到腰部附近就結束了。

脊髓的末端之下，脊神經會成束伸展到下腹部和腳部。

看起來就像馬的尾巴，所以叫馬尾。

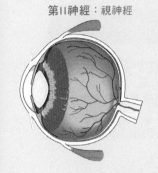

第II神經：視神經

第III神經：動眼神經
第IV神經：滑車神經
第VI神經：外旋神經

從脊髓出入的脊神經，請參照126頁圖。

第VIII神經：聽神經

Column

第IX神經：舌咽神經
第XII神經：舌下神經

第X神經：迷走神經

XI

沒有腦的指令
也能反應的脊神經

接觸到燙的東西，或是被針刺到時，手會立刻縮回來，這種反應叫做脊髓反射。

原本來自全身的訊息到達腦部，由腦處理之後，發出運動的指令。但是，當痛的訊息到達脊髓，脊髓反射就會直接對運動神經發出「快縮回來」的指令。而腦透過這個動作，才知道有狀況發生了。

神經傳送訊息的速度極快，但有些事等待不了經由腦再反應，因而產生脊髓反射。

神經 脊髓是腦與末梢的中繼站

● 脊髓中也是密密麻麻的神經細胞！ ●

從延髓下方在脊椎裡往下延伸的脊髓，是腦和全身的情報中繼站，相當於中樞神經的位置。前後有點壓扁的圓柱狀，從切面來看，有一個Ｈ字型的灰色部分（灰白質），是神經細胞聚集的地方，這裡即是傳送訊息的中心。

脊髓有 31 對脊神經出入，出入口在脊髓的後方和前方。在這個出入口，訊息秩序井然地單向通行。全身收集來的知覺神經進入後側（背根），而傳達運動指令的運動神經和自律神經從前側（腹根）出去。

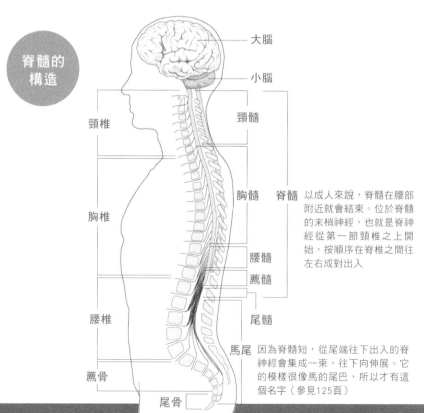

脊髓的
構造

大腦

小腦

頸椎

頸髓

胸椎

胸髓

脊髓 以成人來說，脊髓在腰部附近就會結束。位於脊髓的末梢神經，也就是脊神經從第一節頸椎之上開始，按順序在脊椎之間往左右成對出入

腰髓
薦髓

腰椎

尾髓

薦骨

馬尾 因為脊髓短，從尾端往下出入的脊神經會集成一束，往下向伸展。它的模樣很像馬的尾巴，所以才有這個名字（參見125頁）

尾骨

● 脊髓受傷無法再生？ ●

　　若是在意外事故中脊髓受到傷害，那麼從該處以下的功能都會喪失。像是腰部受到損傷，不只不能走路，連排尿、排便都無法自主。頸部受傷的話，手臂無法行動，呼吸也會有困難。

　　前面也提到，脊髓擁有非常多神經細胞，從脊髓延伸到末梢或中樞的神經纖維分布複雜。所以，一旦受損，以現在的醫學不太可能修復或再生。不過，近年來已有最尖端的研究正在探索令脊髓損傷復元的方法。

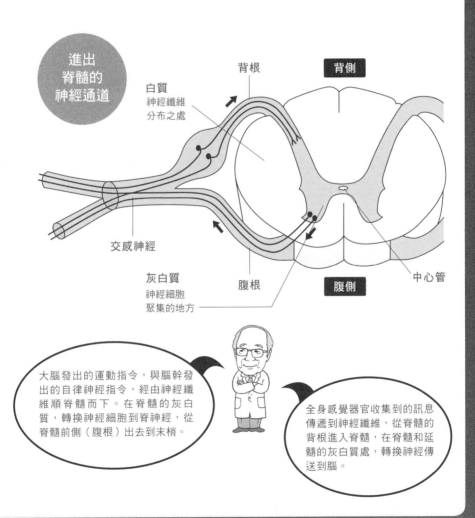

進出
脊髓的
神經通道

白質
神經纖維
分布之處

背根

背側

交感神經

灰白質
神經細胞
聚集的地方

腹根

腹側

中心管

大腦發出的運動指令，與腦幹發出的自律神經指令，經由神經纖維順脊髓而下。在脊髓的灰白質，轉換神經細胞到脊神經，從脊髓前側（腹根）出去到末梢。

全身感覺器官收集到的訊息傳遞到神經纖維，從脊髓的背根進入脊髓，在脊髓和延髓的灰白質處，轉換神經傳送到腦。

睡眠時間為90分鐘的倍數 早晨一定神清氣爽

人有可能一直不睡覺嗎？

睡眠深淺
的變化

睡眠中會分泌生長激素，但一入睡立刻進入深眠的時候分泌得最多。

淺眠時如果抓準時機喚醒他，會立刻清醒。

成人的標準睡眠時間為6-8小時。一個人需要睡多久才夠，視個人狀況來決定。

一入睡後立刻進入最深的睡眠。之後約以90分鐘為單位，重複深眠和淺眠。睡眠較淺的時候，眼球快速轉動，叫做快速動眼期。

睡眠的階段

（淺）
1
2
3
4
（深）

快速動眼期
非快速動眼期

22:00　23:00　00:00　1:00　2:00　3:00　4:00　5:00　6:00

不管再怎麼拚命，人也不能不睡覺，睡眠是人類不可缺少的要素。

睡眠中，心跳數、血壓和體溫都會下降，肌肉的緊張會放鬆，對外在的刺激反應極度遲鈍，促進成長或新陳代謝的生長激素也會增加分泌。睡眠有恢復體力、修復傷口、維持肌肉新陳代謝、消除壓力、提高免疫力、促進孩子發育的功能。若是多天睡眠不足，疲勞會累積，自律神經或內分泌系統也會失調，進而爆發種種疾病。此外，還會產生焦慮不安、注意力渙散、失誤連連等問題。

睡眠的功能還未完全確定

一整晚的睡眠深度並不是完全一樣，深眠和淺眠會以約 90 分鐘為週期反覆出現，

睡眠又分為快速動眼睡眠和非快速動眼睡眠兩種。快速動眼（REM）是 Rapid Eye Movement（眼球快速轉動）的意思。這種現象出現時，睡眠狀態較淺。非快速動眼是指看不到眼球轉動的狀態，顯示其進入深度睡眠，並且從腦波等數據還可以分成幾個階段。

例如，快速動眼睡眠中，比較常做夢。夢遊症多發生在非快速動眼睡眠時，但它的發生原因目前尚未解開。

Column

睏倦與腦內的荷爾蒙有關

人不是夜行性生物，而是日出而作，日落而息的動物。而這種作息的週期，與腦內分泌的荷爾蒙「褪黑激素」有關。

早晨起床沐浴在明亮的陽光下，腦中就開始生成褪黑激素。起床後的 14 個小時後，褪黑激素會分泌到血液中，血中濃度在 2 小時間上升，於是產生睏倦感。

早晨起床多曬曬太陽，可促進褪黑激素的生成。到了黑暗的地方，褪黑激素的分泌會增加，所以，在就寢前 2 小時將室內照明放暗，將可幫助好眠。

睡眠不足導致的症狀

無反應

欠缺協調性

活力減退、幹勁低落

心浮氣躁

注意力渙散，失誤連連

疲勞感、倦怠感

在重要的時刻打瞌睡

感覺痛和溫度的感知器
哪裡是身體最敏感的地方？

● 感覺不只是痛和溫度而已 ●

　　接觸到東西時，我們會察覺到什麼感覺呢？像是冷、溫等溫度，還有硬、重、表面的光滑……察覺這些感覺的感知器在皮膚，而且並不是只有一個。像是隨意神經末梢、梅克爾氏觸覺盤、梅斯納氏小體等，功能各有差異的感知器（受體），分布在全身的皮膚。

　　另外，還有一種深部感覺的感知器，不同於皮膚感覺，可以測知自己身體的位置、動作、振動等，這些感知器配置在肌肉和關節。

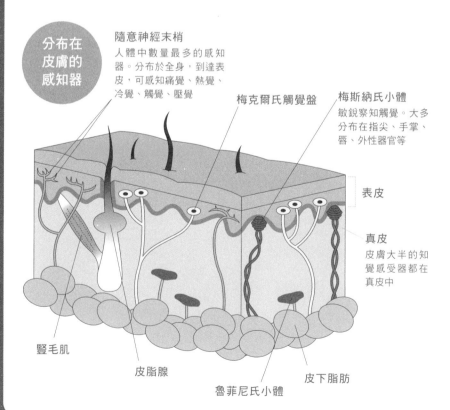

分布在皮膚的感知器

隨意神經末梢
人體中數量最多的感知器。分布於全身，到達表皮，可感知痛覺、熱覺、冷覺、觸覺、壓覺

梅克爾氏觸覺盤

梅斯納氏小體
敏銳察知觸覺。大多分布在指尖、手掌、唇、外性器官等

表皮

真皮
皮膚大半的知覺感受器都在真皮中

豎毛肌

皮脂腺

魯菲尼氏小體

皮下脂肪

● 感覺敏銳與受體的密度有關 ●

在皮膚上兩個點同時給予刺激，檢測是否察覺得到兩個點時，會發現指尖或嘴唇部位，就算是兩點間隔小也能察覺。但背後、頸後等處，間隔太小的刺激，會以為是同一點。此外，冷或溫的物體靠在皮膚上，有些部位可敏感察知，有些不能。

這種不同與皮膚上分布的感知器密度，和訊息到達腦部的主管範圍大小有關。不過，皮膚感覺原本就是察知危險的重要感覺，所以指尖和嘴唇較為敏感也是有其道理的。

兩點辨別測驗

用器具同時刺激皮膚上的兩點，檢測是否辨別得出兩點，就是兩點辨別測驗。兩點距離小也能分辨的部位是敏感部，表示該處知覺神經的感覺器密度較高。

Column

同樣的溫度，氣溫和熱水卻有不同感受

當氣溫到達30℃便覺得熱，可是待在30℃的浴池中卻冷得發抖。這是為什麼呢？

答案是在空氣和水中，皮膚散發的熱量不同之故。皮膚接觸空氣時，表面的熱量不太會散去。而且溫度升高的話，汗水乾竭，氣化熱蒸發的量也少，熱度悶在體內，會覺覺更熱。但接觸水時，會有更多熱量從皮膚散發出來，所以除非以游泳的方式在體內產生熱量，否則就會愈來愈冷。

空氣　水

明明是同樣的溫度……

眼睛為什麼有兩隻？
看事物的是腦而不是眼

黑眼珠的表面有角膜，
而周圍眼白的表面有結膜覆蓋，
黑眼珠裡側有虹膜，
具有聚焦的功能，
而中央的開孔是瞳孔。
瞳孔後面具透鏡功能的是水晶體。
水晶體會依注視物的距離，
收縮或放鬆周圍的睫狀肌來凝聚焦點。
眼球中有透明的玻璃體，
後方眼壁有網膜覆蓋。
從眼睛進入的光映在網膜上，
再由此處的神經細胞將視覺訊息轉到腦的視覺區去。

眼睛的構造

視網膜
由感知光線的細胞組成

中心凹
視力中心的部分，聚集感知色彩的細胞。周圍叫做黃斑

神視經

鞏膜

脈絡膜

網膜上感受光的細胞

視錐細胞
感知色彩的細胞

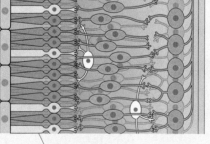

眼睛外側

眼睛內側

視桿細胞
感知明度的細胞

視錐細胞在暗處無法清楚感受光，但視桿細胞在微暗處仍可感知明暗。因而在微暗的地方，顏色會愈來愈不明顯，看起來就像黑白世界。

眼睛之所以有兩隻，是為了從進入左右眼的光線偏差，
來測知與該物體的距離。
因而，如果把一隻眼睛蓋住，就看不出立體感。

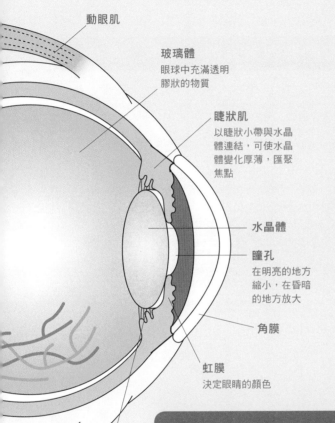

動眼肌

玻璃體
眼球中充滿透明
膠狀的物質

睫狀肌
以睫狀小帶與水晶
體連結，可使水晶
體變化厚薄，匯聚
焦點

水晶體

瞳孔
在明亮的地方
縮小，在昏暗
的地方放大

角膜

虹膜
決定眼睛的顏色

睫狀小帶

視神經乳頭
視神經、血管出入的
地方。這裡沒有感知
光的神經細胞，所以
成為盲點

只以視網膜捕捉光，
並不能知道自己
「看到什麼」。
視覺訊息到達腦之後，
大腦會對照知識和經驗，
加以分析，
我們才算「看見」什麼了。
平面圖畫看起來像立體，
或是同樣長度的線
看起來不一樣，
這種錯覺並不是
眼睛看不清楚，
而是大腦做出錯誤的
分析所形成的。

法醫學之眼（人死後瞳孔會放大、角膜混濁）

　　心跳一旦停止，虹膜也會隨之鬆弛，因此瞳孔會出現放
大（散瞳）現象。但若是因特殊藥物中毒而死，瞳孔後而
會縮到極小，是為「縮瞳」現象。
　　死後經過一段時間，身體逐漸乾燥。角膜同樣也會乾
燥，再加上蛋白質變化，角膜就會開始混濁，但進行的速
度會因眼睛開著或閉著而有所不同。如果死後未能瞑目，
乾燥速度會進行得很快，約一天之後角膜便會混濁，甚至
看不見中間的瞳孔。

感覺器官

人體最小的6根骨頭
將聲音傳到腦部

● 聲音的振動傳到內耳的「蝸牛」處 ●

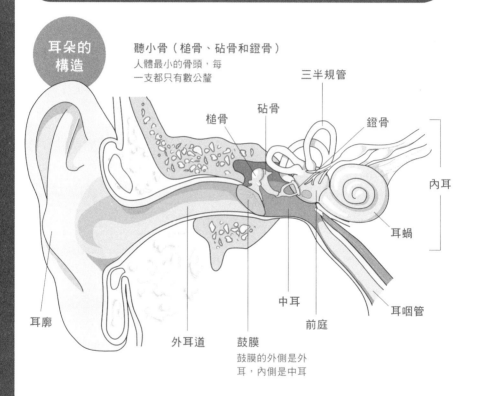

耳朵的
構造

聽小骨（槌骨、砧骨和鐙骨）
人體最小的骨頭，每
一支都只有數公釐

三半規管

槌骨

砧骨

鐙骨

內耳

耳蝸

中耳

前庭

耳咽管

耳廓

外耳道

鼓膜
鼓膜的外側是外
耳，內側是中耳

　　在臉的兩側向外伸出的是耳廓，部分人的耳朵較能聽見前面和旁邊的聲音。耳孔叫做外耳道，最深處有鼓膜。

　　從外界進入的聲音會振動鼓膜，該振動傳到中耳的槌骨、砧骨和鐙骨，進而傳到被骨頭蓋住的內耳耳蝸。耳蝸因形似蝸牛殼的螺旋狀，而得名。

　　耳蝸裡布滿將聲音振動變換為電子信號的裝置，變為電子信號的訊息會經由神經傳到腦的聽覺聯合區。

● 感知頭的角度和轉動的裝置 ●

　　內耳耳蝸上的前庭和三半規管,是感知平衡的裝置。前庭可感知頭的傾斜,三半規管可感知旋轉運動。

　　內耳是一個充滿淋巴液的空間,裡面有膠狀物質,它的上方載著一塊小石頭。身體一動,淋巴液和膠狀部分就會搖動,神經捕捉到這個動作,便知道身體的傾斜與動態。這個訊息同時傳送到大腦和小腦,協助保持身體的平衡。

　　為了了解身體的傾斜度,還需運用全身肌肉、關節等處的深部感覺神經,所傳來的訊息。

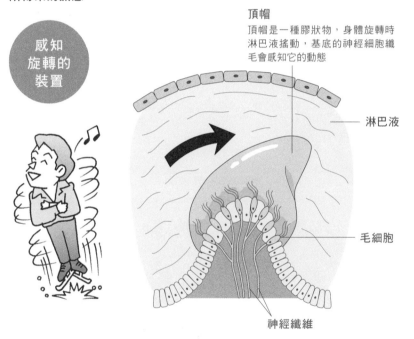

感知
旋轉的
裝置

頂帽
頂帽是一種膠狀物,身體旋轉時
淋巴液搖動,基底的神經細胞纖
毛會感知它的動態

淋巴液

毛細胞

神經纖維

法醫學之眼　再厲害的游泳健將也會溺死,原因出在耳朵

　　不論泳技有多麼厲害,還是有可能會溺死,專家推斷認為是由於包圍內耳和中耳的顳骨岩部出血,導致三半規管循環不良,失去平衡所致。解剖溺死的屍體,確實會有五至六成的岩體錐體出血。

　　中耳與喉嚨有細長的耳咽管相連,當人在水中吸進水時,水不小心進入耳咽管,因而每次做出吞嚥動作,水就在耳咽管內來去。這使得中耳內的壓力不斷變化,最後岩部錐體血管破裂而出血。

食物的味道由香味決定？

並不是整個鼻子都能察知氣味？

感知氣味的是鼻子，但並不是用整個鼻腔來感知氣味。真正感覺到氣味的是位於鼻腔上端一個小小的部分，叫做嗅上皮。

嗅上皮有嗅覺受體細胞，末端的毛（嗅毛）伸展到覆蓋鼻黏膜表面的黏液中，氣味的物質會融在黏液中。嗅毛捕捉到這些物質，變換成傳導到神經的信號。

氣味的信息會經由嗅覺受體細胞的神經纖維，貫穿鼻腔上的骨頭，進入腦底嗅神經的前端（嗅球）。

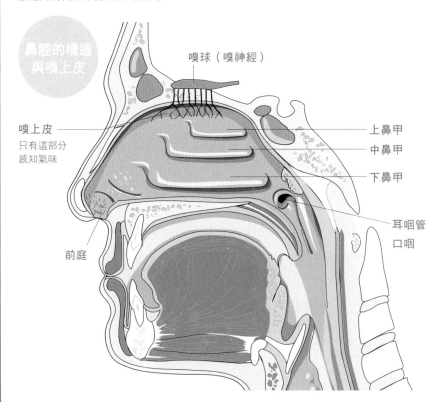

鼻腔的構造與嗅上皮

嗅球（嗅神經）

嗅上皮
只有這部分
感知氣味

上鼻甲

中鼻甲

下鼻甲

耳咽管

口咽

前庭

嗅覺與記憶、快感、本能行動有深切的關係

　　將嗅覺傳到腦的嗅神經是腦神經（參照 124 頁）的一部分。嗅覺訊息一旦被捕捉，就直接傳到腦部。此外，嗅神經也是大腦邊緣系統的一部分，邊緣系統負責調整發怒、恐懼、快感等情緒，吃、生殖行為等本能行動，和記憶、自律神經的功能。所以當我們聞到什麼香味時，從前的記憶會倏地甦醒過來。

　　另外，以食物的味道來說，其實香味比味覺本身更重要。捏著鼻子吃東西會吃不出味道，即是最大的證明。

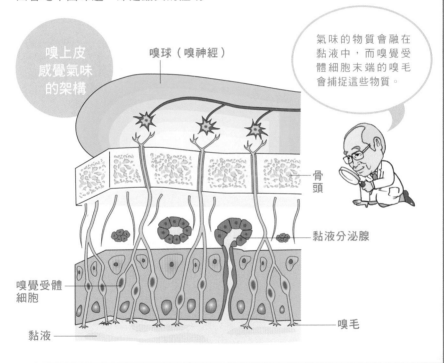

嗅上皮
感覺氣味
的架構

嗅球（嗅神經）

氣味的物質會融在黏液中，而嗅覺受體細胞末端的嗅毛會捕捉這些物質。

骨頭

黏液分泌腺

嗅覺受體
細胞

黏液

嗅毛

法醫學之眼　（屍體腐敗的過程中會散發令人作嘔的惡臭）

　　生命體一旦死亡，人的身體會立刻開始腐敗和融解。像是被棄置在山中的屍體，首先由腸內細菌帶頭造成體內腐敗。不久，外界的細菌也一起加入，令腐敗加速進行。因此，屍體會散發出一般人難以忍受的惡臭。

　　但是，對屍體進行解剖、驗屍的法醫，不會掩住口鼻來隔絕臭氣。因為屍體散發出的味道，將透露出屍體內是否含有酒精或某些藥物，是極具參考價值的重要訊息。

現代年輕人是味痴？
舌頭的味覺地圖都是騙人的

● 喉嚨也能感覺味道 ●

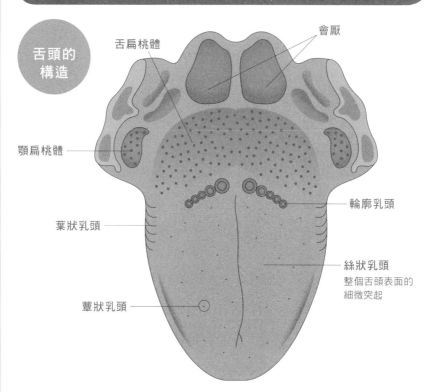

舌頭的
構造

會厭

舌扁桃體

顎扁桃體

輪廓乳頭

葉狀乳頭

絲狀乳頭
整個舌頭表面的
細微突起

蕈狀乳頭

　　舌頭有移動食物，讓它方便咀嚼，或是協助語言發音的功能，但它最主要的工作還是感知味道。

　　舌頭表面緊密地分布著許許多多小突起，叫做舌乳頭，分為絲狀乳頭、蕈狀乳頭、輪廓乳頭、葉狀乳頭等數種。除了絲狀乳頭之外，其他乳頭上都有味蕾，其中的味覺細胞會感知味道。融解在唾液的物質與味覺細胞接觸後，味覺細胞捕捉到它，經由神經纖維傳達到腦部。

　　味蕾也分布在喉嚨和上顎，所以若是假牙擋住了上顎，就不太容易感受味道。

● 鋅的攝取不足，造成味覺障礙！ ●

　　有一種說法提到舌頭對味覺特別敏感的部位，像舌尖對甜、鹹味敏感，舌後則是特別容易感覺苦味。但現在這種理論已被否定，不論什麼味道，整個舌頭都能感受到。

　　味蕾的細胞很短暫，大約十天就會被新細胞取代。製造新細胞時需要鋅，所以若是飲食不均衡，鋅攝取量不足，味蕾的功能便會逐漸衰退。也因此有人指出，經常偏食的年輕人愈來愈多出現味覺障礙的症狀。鋅多含於牡蠣、牛肉、豬肝、起司、蛋等。

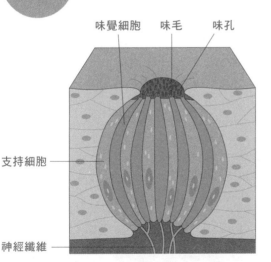

| 味蕾的構造 | 融於唾液中的味道成分會進入味孔，由味毛擷取訊息 |

味覺細胞　味毛　味孔

支持細胞

神經纖維

溫度低時味覺會變得遲鈍，因此冷飲和冰品都會加重調味，尤其飲料中所放的砂糖量要比想像多得多。

法醫學之眼（縊死、絞死、扼死的區別）

　　這三種死法都是因脖子被拉緊而死亡。這些案例中，因為頸部緊縮時，舌根受到壓迫，所以舌頭會從齒間略略伸出。

　　附帶一提，縊死的方法，是用繩狀的物體一側固定在某物上，用自己的體重吊死。絞死的方法，是自己或他人以繩狀的物體捲住頸部，以自己體重之外的力量絞緊死亡。而扼死則是用手、手指、手臂、腳等將頸部掐住而死。縊死多半是自殺，絞死多為他殺，而扼死就絕對不可能是自殺。

（第 5 章）
法醫學角度下的人體

「法醫學」主要是在犯罪搜查上使用的醫學。

日本法醫制度下的解剖，

可分成殺人案發生時，

經常在電視上聽到的司法解剖，

以及沒有犯罪嫌疑時進行的行政解剖。

（臺灣的法令是將之分為「司法相驗」和

「行政相驗」）

本章中，將從一般人較為陌生的

「法醫學」觀點，來解開身體的不可思議之處。

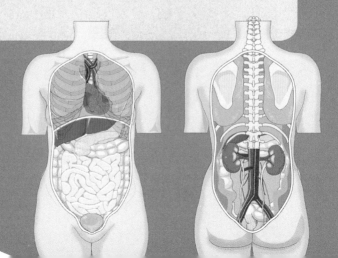

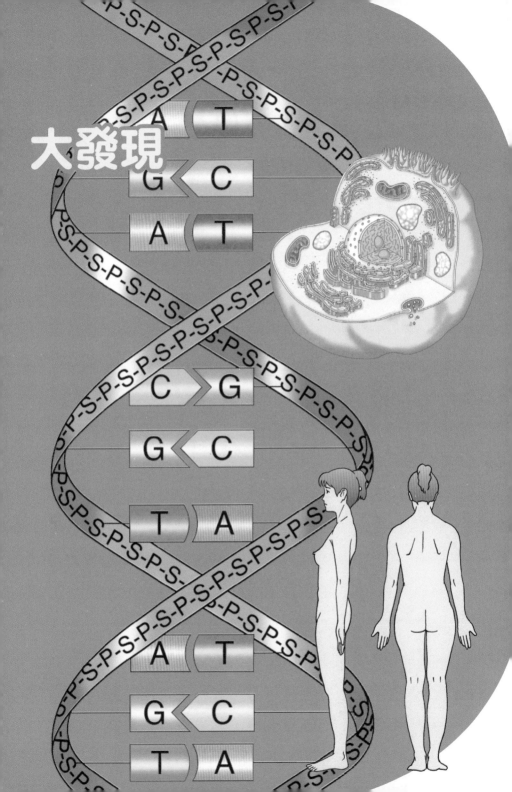

大發現

「檢視」與「檢死」[※]有什麼不同？

「檢視」是指警察檢查屍體，依法律要件做為判斷標準。相反地，「檢死」是醫生檢查屍體，其判斷標準是醫學。兩方都以各自的專長面對屍體，來判斷死因為何？死者是否是罪案的被害者？等等。

當某個人死亡，市民或醫生向警方通報後，警察隨即出動，這時也會請法醫到場，在現場相驗屍體，判斷此人是否自殺，死因有無疑點等。若有可疑之處，就會進一步解剖屍體。以東京都來說，相驗的案例約有三分之一需進行解剖。

東京都有法醫制度，非自然死亡的屍體必須驗屍。所謂的非自然死亡，是指除因任何疾病就醫後死亡的所有死亡案件。也就是只要認為與意外或案件有關的死亡，都要接受相驗程序。

這個制度的目的，是為了聽取死者的聲音，對犯罪毋枉毋縱，同時也為了保護死者家人和相關者的人權，維持社會秩序。但是，目前並非全日本都有這種法醫制度。在沒有法醫制度的地區，是由該地區的臨床醫生來診斷死因。然而，一般醫師沒有相驗或解剖的專業知識，若是診察後判斷「是一件意外」，而其實卻是兇手巧妙安排的犯罪手法，很可能就會被當成意外來處理了。

（※ 這兩個字都是驗屍的意思，在日文中發音相同，檢視是法律中的正式名詞，檢死是專指檢查屍體的行為。）

從屍體變化的狀況，
可以推斷死亡時間？

　　人一死亡後，體溫逐漸降低，體內所有的消化酵素和身體內外的細菌，開始對人體進行融解和腐敗。發現屍體的時候，雖然可以就變化的程度來推斷死亡時間，但在現實中並沒有那麼容易。因為，影響屍體的變化並不是只有時間一個元素。

　　例如，屍體被放置在 20℃ 的室內，體溫在死後五小時內，每一小時下降 1℃，之後每小時下降 0.5℃，不久之後便與室溫相同。但是在現實中，問題不只有放置在 20℃ 的屍體，死亡時的體溫也不明確。

　　曾有個案例在同一室內發現兩具屍體，但腐敗程度完全不同。某一天，有一對老夫婦的屍體分別在壁櫥的上下段被發現。被塞在上段的丈夫腐敗得很嚴重，猛然一看還以為兩人在不同的日子遭到殺害。但是，據後來逮捕的兇手供述，得知兩人是同時遭到殺害。但由於壁櫥的空間狹窄，上段的溫度較高，所以腐敗的速度也快很多。

　　另一個案例，從一條棉被下發現兩具屍體，腐敗的情況也迥然不同。靠窗的男性因為曬得到太陽，腐敗持續地進行。但位在陽光沒有直射之處的女性，因為有部分被揭開，那一部分的腐敗便進行得很慢。

屍斑到底怎麼形成？

　　人死後，血液循環停止，於是血液受重力影響而集中到身體下，那部位就會呈現紅褐色，這就是所謂的屍斑。像皮膚顏色較深的黑人，屍斑會不太明顯。

　　屍斑會在死後約兩小時後漸漸出現。之後的數小時，用手指按壓屍斑處，顏色會瞬間消失（褪色）。若是皮下出血的狀態，按壓該部位並不會褪色，而且大致會伴隨類似擦傷的傷痕。可以以此區別。

　　死後經過十小時後，屍斑會固定，用手指按壓也不會褪色，這是因為血液中的色素滲入血管或組織的緣故。

　　仰面死亡者的屍斑在背部，但是臀部或肩胛骨等在睡姿狀態下受壓的位置，不會出現屍斑。後頸部因未受壓，因而呈現屍斑。從外表就看得出來。有些家屬看見大為激動，以為死者生前遭到暴力，但它只是單純的屍斑罷了。

　　吊死者的屍斑會出現在腳和前臂。如果在吊死狀態下被發現時，屍體的背上出現屍斑的話，表示他死後曾被移動，即有可能是偽裝成自殺的他殺事件了。

生活中哪些地方隱藏著
死亡的危險？

　　我曾遇過一些案例，原本健健康康的人突然死亡。若死者是孩子，大多是意外造成。若是大人，則較多傾向於與動脈硬化相關的腦中風或心臟病。

　　令人意外的是，馬上風死亡的案子很多。所謂的馬上風，是指在性交進行或之後突然死亡的狀況。雖然字面上稱為「馬上」，但其實並不是只有「在上位的人」會死。附帶一提，本人是世界上第一個對馬上風做出統計的人，在業界小有名聲。

　　前一刻還健健康康做愛的人卻突然死了，這除了橫死之外沒有別的解釋，所以屍體必須相驗。當然在這種狀態下，另一名當事人並不會老實告知他們正在做愛。不過驗屍時從內褲反穿，或局部有衛生紙殘留的狀況，大多可以猜出原委。

　　造成馬上風原因的榜首，男性是心肌梗塞，女性是蛛網膜下出血。蛛網膜下出血突然發生的機率很高，事前也很難察知徵兆。但是，心肌梗塞或腦中風，大多有高血壓、動脈硬化、血脂異常症（高膽固醇血症等）病史，不少人不知自己的病況而暴飲暴食，而導致不幸的後果。因此，定期接受健康檢查，了解自己的身體狀況，適當的治療並改善日常生活習慣，不要虛耗身體才是健康長壽的不二法門。

自殺或他殺
該怎麼調查？

　　　　　某天，流經都心的河上發現了一名年輕女性的屍體。根據相驗的結果，她的脖子上有上吊過的痕跡，死因是溺斃。

　　難道是在河邊的樹上上吊，繩子斷了或樹枝折了，所以才掉進河裡溺死嗎？但是在發現屍體的河流兩岸，都沒有符合條件的樹。若是在橋下上吊，對身形嬌小的女子來說恐有困難。雖然也有可能是上游的樹，但是既然選中山中茂密的樹林上吊，也就不用特意去找一棵懸在河上的樹吧。應該還有別的可能性。

　　在無法確定是自殺還是他殺的狀況下，法醫醫務院的成員召開了緊急會議。眾人慷慨陳述，展開激烈的討論。最後得出一個結論，就是「背地藏式殺人」。所謂的背地藏，是在地藏菩薩身體捆上繩子，然後扛在背上的姿勢。大家推測兇手無法用兩手持繩絞勒頸部，所以只好用背地藏的方式絞殺。因此漸漸勾勒出一個單手不方便、與被害者身高有段差距的魁梧兇手形象。

　　警方大舉搜查之後逮捕到一名嫌犯，他是被害者曾經交往過的男子。而且竟然如同法醫們的預測，他是個身形魁梧的獨臂男子！殺人動機是感情糾紛。被害者因為一場大雨，在肩上披著毛巾。而兇手直接將毛巾扭到被害人的背後，將她背起來絞殺，然後丟進河裡殺害。

割傷和刺傷
哪個比較嚴重？

　　割傷和刺傷，哪一種的死亡率比較高呢？答案是刺傷。割傷的傷口雖然很長，但卻多傾向淺傷口，但刺傷的傷口可能到達深處，極可能傷到身體深處的大血管。

　　大動脈被刺傷會立刻大量出血，嚴重時也可能在送醫之前就死亡。頸動脈被割斷的話，因為血壓太大，血液可以噴到三公尺高。而腹主動脈受傷的話，可能二至三分鐘就斷氣了。流出的血液若為鮮豔的紅色，即可判斷動脈受傷。

　　相反地，大靜脈被割斷時，並不會像動脈那樣出血。但是空氣被吸入血管中，會阻塞肺部等處的動脈，造成栓塞症而死亡。受傷時立刻用力壓住該部位，不但可防止出血，也有阻斷空氣進入的危險。靜脈受傷時流出的血液呈暗紅色。

　　腹部被刺中時，就算大血管沒受傷，卻也可能因為腸被刺中引發腹膜炎，在二至三天後死亡。像是職業摔角手力道山，即是因為腹部遇刺後未經妥善的治療，引發腹膜炎過世。

從傷口的狀態
可以推測兇器和死因？

　　從傷口的形狀大致可以推測兇器的大小、形狀，若兇器是銳器，也可查知是雙刃或單刃等特徵。

　　用菜刀之類的單刃銳器刺中的傷，用刀刃側會劃得很細，用刀背會呈現壓扁的形狀。但是刺傷並不只有一直線的傷口。由於兇手與被害者扭打在一起，刺入和拔出會造成兩處傷，經常會呈現Ｗ型傷口。

　　另外，如果兇器像出刃菜刀那種，在刀柄處有個直角的銳器，刺入傷口深達直角的部分時，直角會卡住無法拔出，兇器便可能維持插著。

　　造成鈍器傷害的「鈍器」，乃是形狀平坦、圓鈍，又或是凹凸不平、並不鋒利的器物。可能是手邊任何東西。被鈍器用力擊打時，因著兇器形狀、擊打強度和方向，而會產生擦傷、皮下出血、骨折等損傷。以鐵鎚重擊頭部的例子來說，就會產生頭皮下出血、頭蓋骨骨折、腦挫傷（腦本身傷害）的現象。

　　有一樁毆打致死的兇案，兇手聲稱被害者是因為跌倒撞到頭意外死亡，但驗屍之後立刻真相大白。摔倒撞擊頭部時，頭皮下出血與頭蓋骨骨折會出現在同一個位置。但腦挫傷會是在撞擊的相反側，因為摔倒的衝擊，會撞到頭蓋骨中大腦的另一邊。

亂刀殺人是
兇惡罪犯所為？

　　有些案件中，被害人是被人用刀械亂刀刺殺而死。此時在新聞節目上都會用「兇惡粗暴、冷血殘酷」來作評斷，這種說法其實大多是錯的。

　　兇手執意多次刺殺被害者，是因為兇手太軟弱。他認為殺一次無法造成致命傷，深恐對方爬起來反擊，所以才一刺再刺，最後成了亂刀殺害。這與小狗面對大型犬或人類吠叫不休的狀況相同。

　　在被害者為幼童的案例中，兇手若為大人，被害者的傷應該很少。因為大人具有絕對的優勢力量，未經小孩抵抗就能立即造成致命傷。被害的孩童若是有多處激烈抵抗造成的淤傷、防禦性傷口，則兇手很可能也是孩子或是力量弱小的人。

　　在分屍案中也有類似的情況。將人分屍，看起來是令人髮指的殘忍行為。但大多是因為兇手不知如何處理屍體，只好用這種方法掩人耳目，方便丟棄。尤其當兇手為女性時，多是因為力氣不夠，難以將一具人體搬出屋外，不得已只好將其分屍。亂刀殺人案或分屍案，都是兇手在自保心理下所做出的行為。

如何辨明
孩童受虐事件？

　　刑事案中最令人心痛的，莫過於孩童遭虐待致死的案子。

　　一天，一名背部嚴重燒傷的幼兒被送進醫院，雖然盡力搶救，但最後仍然遺憾地宣告不治。主治醫生在死亡診斷書上記錄「大範圍的燒燙傷」。親屬據此到公所申請死亡證明時，遭以「無法受理」拒絕。家人困惑地回到醫院，醫生才留意到，這個案子相當於非自然死亡，醫生有向警方申告的義務。

　　警方介入後進行相驗，發現幼兒的燒傷為圓形。母親解釋「孩子在瓦斯爐附近玩，把爐子上燒的熱水翻倒，熱水潑到孩子身上燒傷。」但是，她的說明與燒傷的形狀並不吻合。

　　進一步向母親追查，她才供述孩子有先天性的智能障礙，因為想到孩子無藥可治，所以才用熱水把他燙死。真是一場天倫悲劇。

　　被害者身上的燒傷痕跡，宛如在控訴：「我是被人殺死的！」這名孩童所受到的傷害，唯有藉由法醫學才能得到申張，人權也才能得到保護。

　　一般來說，人權意識愈是高張的國家，法醫學也愈能有所發展。

揪出保險金詐欺殺人的兇手，該如何相驗？

很多被當成意外處理的死亡案，一經相驗後卻發現是殺人或自殺案。這一類案件中，有不少都牽扯到保險金的問題。

到海邊夜釣的父親從堤防摔落溺死，同去的家人作證：「父親喝醉酒了。」因而被當作意外處理。但是，後來二兒子也以同樣方式死亡，因此引起警方懷疑，經過調查才知道，家人讓被害者吃下安眠藥，然後將他推落海中殺害，以此向保險公司騙取保險金，也就是說這是一起詐欺殺人案。

父親會不會游泳？有沒有投保人壽保險？只要先釐清這幾點，就不會不明是非地一味聽信家人的證詞，把它當意外處理。一旦通知相驗，早就可以快速破案了。

我們也經常遇到在積雪很深的地方，有人到屋頂除雪而失足摔落死亡的事件。這些事件中也會出現為詐領保險金而偽裝意外的自殺案。

自殺的狀況是腳先落地，所以兩腳會有骨折現象。而且大腿根部的股骨、頸部骨折最為典型。但是意外失足的狀況，由於直到最後腳都還想攀住地面，因此會倒栽蔥式的下墜，變成臉部或頭部著地。此外，自殺時奮力躍出，通常會落在離樓房較遠的地方。

生死的界線在哪裡？

　　關於生命的開始，法律、醫學、宗教、文化上，都有各自不同的解釋與主張。

　　定義生命時間最早的主張認為，生命起於精子與卵子受精成為受精卵的那一刻。但是，在醫學上，懷孕的成立是設定在受精卵在子宮內膜著床時（受精後第七天左右）。所以，有人認為生命從這個時間點開始算較為妥當。

　　在戶籍上，人出生之後才能有戶籍，因此法令規定出生才是生命的開始。但是，肚子裡的胎兒也有遺產繼承權。從這一層意義來說，人從出生之前就是「獨立」的人了。

　　再說到死亡，人是在哪個瞬間進入死亡呢？按現在的說法分為以心臟停止為標準的心臟死亡，和以腦功能完全停止為標準的腦死。

　　二〇〇九年，日本通過修正器官移植法，將人的死亡定義為腦死。但是，這並不能否定心臟死亡。

　　換句話說，死法因人、因狀況而有異。個人關於死的主張，沒有人可以否定。自己對死亡有什麼想法，有必要與家人朋友好好溝通才是。

有助於犯罪立證的DNA

一九九〇年，東京老街發生了一件兇殺案。兇手殺害女子後，將她分屍埋在空地。後來烏鴉飛來，叼出土中的肉。人們赫然發現那是一隻人手的一部分。嫌疑男子很快就被逮捕，他的家中和貨車上都驗出血跡，血型為 A 型。由於被害女子也是 A 型，警方認為他是「在家中殺害後，將屍體分屍，再以貨車運到空地丟棄。兇手毫無疑問就是他。」

但是，嫌犯的辯護律師反駁，日本人當中有 40% 是 A 型，從三處血跡為線索就認定兇手太過草率。

因此，警方與大學一同祕密為血跡做 DNA 鑑定。三處血跡的 A 型血不是別人，全都是被害者的。以此立證判刑確定。

這是日本第一次對犯罪現場進行的 DNA 鑑定。

現在的研究已知，擁有同一副 DNA 的機率為四兆七千億分之一，地球上的人類共有六十七億人（現已突破七十億），所以除了同卵雙胞胎之外，可以說世上絕無 DNA 相同的人。

索 引

157

法醫才看得到的人體奧祕
知識ゼロからの身体の不思議入門

作　　　者——上野正彥
譯　　　者——陳嫻若
封面設計——萬勝安
責任編輯——張海靜、劉素芬
內文排版——林翠茵
行銷業務——王綬晨、邱紹溢
行銷企畫——曾志傑、劉文雅
副總編輯——張海靜
總 編 輯——王思迅
發 行 人——蘇拾平
出　　　版——如果出版
發　　　行——大雁出版基地
地　　　址——台北市松山區復興北路333號11樓之4
電　　　話——（02）2718-2001
傳　　　眞——（02）2718-1258
讀者傳眞服務（02）2718-1258
讀者服務信箱 E-mail andbooks@andbooks.com.tw
劃撥帳號 19983379
戶　　　名 大雁文化事業股份有限公司
出版日期——2022年11月 三版
定　　　價——360元
ISBN 978-626-7045-62-6（平裝）

國家圖書館出版品預行編目(CIP)資料

法醫才看得到的人體奧祕(彩繪圖解) = 知識
ゼロからの身体の不思議入門 / 上野正彥
著；陳嫻若譯. -- 三版. -- 臺北市：如果出版,
2022.11
　面；　公分
譯自：知識ゼロからの身体の不思議入門
ISBN 978-626-7045-62-6(平裝)

1.CST: 人體學 2.CST: 法醫學

397　　　　　　　　　　111015745

Chishiki Zero kara no Karada no Fushigi Nyumon
Copyright © 2010 by MASAHIKO UENO
Chinese translation rights in complex characters arranged with GENTOSHA INC.
through Japan UNI Agency, Inc., Tokyo and Future View Technology Ltd., Taipei